Global

글로벌 뷰티 서비스 실무

문대범·이정아·이혜진·김효정·강미영

청구문화사

Preface

기술의 발달로 세계화가 점점 빨라지고 있다.

그로인해 전 세계 사람들이 서로 정보를 공유하고 소통하는 기회가 늘어나고 있으며 국가 간 이동, 무역이 자유로워지고 있다.

정보화-세계화 시대인만큼 미용시장도 발전하고 있다.

헤어, 스킨케어, 메이크업, 속눈썹연장, 세미퍼머넌트, 네일 등 우리나라 미용인들의 기술력을 인정받으면서 해외지사를 설립하는 등 전 세계로 뻗어 나가 단순한 살롱이 아닌 기업으로 성장해 나가고 있다.

빠른 성장세로 뷰티시장이 주목받는 지금, 미용 기술과 전문지식 습득은 기본이며 다양한 서비스 품질도 중요시 된다. 서비스 품질에 따라 고객의 만족도를 더 높일 수 있으며 서비스 품질의 정도는 고객에게 그 살롱 또는 기업의 이미지를 결정짓는 요소가 된다.

본 교재를 통해 서비스 직종의 근무자로서 가져야하는 자세, 표정, 용모, 언어 등 기본 자세를 배우고 고객응대, 고객관리, 불만고객응대, 다양한 서비스 종류 등 살롱 운영 또는 근무 시 실무에 필요한 내용들을 수록하였다.

본 저자들은 현재 뷰티샵을 운영, 근무하고 있는 미용인으로 실무에 필요한 내용들을 전달하기 위해 최선을 다하였으나 부족한 부분이나 생각지 못한 오류에 대해서는 수정, 보완할 것을 약속드린다.

이 교재를 집필하고 출판되기까지 도움을 주신 모든 분들에게 감사드리며 지원을 아끼지 않으신 청구문화사 이상태 사장님을 비롯한 임직원 여러분들께 진심으로 감사드린다.

저자일동

CONTENTS

Part 01 살롱 리셉션

Ⅰ. 헤어, 뷰티 살롱의 매니지먼트 ········· 9

1. 이미지 메이킹의 중요성 · 9
2. 첫인상 · 10
3. 이미지메이킹의 원칙 · 14
4. 비즈니스의 기본매너 · 15

Part 02 글로벌 뷰티 서비스

Ⅱ. 헤어와 뷰티분야의 고객관리 ········· 45

1. 소비자와 고객 · 45
2. 고객응대 · 48
3. 고객 서비스 관리 · 51
4. 서비스 품질 평가-향상 기준 · 55
5. 서비스 품질 개선 · 56

Ⅲ. 뷰티 살롱 영어 고객응대 ········· 59

1. 인체의 명칭 · 59
2. 직업별 명칭 · 61
3. 샵 구성원 명칭 · 61
4. 다양한 인사법 · 61
5. 전화응대 · 62
6. 전화를 건 손님이 할 수 있는 말 · 65
7. 프론트에서 · 69
8. 대기 및 안내 · 71
9. 소지품 보관 · 73
10. 소개하기 · 74

11. 가격문의 및 안내 · 75
12. 업종별 실전 영어 연습하기 · 78

Part 03 뷰티서비스의 기본자세와 실무

Ⅳ. 헤어커트 디자인 ········ 89
1. 헤어커트의 개념 · 89
2. 커트 도구 · 90
3. 헤어커트 트렌드 · 97

Ⅴ. 펌 디자인 ········ 113
1. 헤어 펌(퍼머넌트 웨이브)의 개념 · 113
2. 헤어 펌(퍼머넌트 웨이브)의 도구/기기 · 114
3. 헤어 펌 트렌드 · 128

Ⅵ. 컬러 디자인 ········ 139
1. 헤어 컬러의 개념 · 139
2. 헤어 컬러의 염모제/산화제 · 140
3. 헤어컬러 도구 · 142
4. 헤어컬러의 트렌드 · 144

Ⅶ. 업스타일 디자인 ········ 159
1. 업스타일의 개념 · 159
2. 업스타일 준비물 · 160
3. 업스타일 트렌드 · 161

참고문헌 / 175

PART 01

살롱 리셉션

Ⅰ 헤어, 뷰티 살롱의 매니지먼트

Part 01

I 헤어, 뷰티 살롱의 매니지먼트

1. 이미지 메이킹의 중요성

한 사람의 이미지란 그 사람을 생각했을 때 떠오르는 느낌을 말한다.

우리가 누군가를 만났을 때를 생각해보자. 만나고 돌아오면 가족 또는 친구들이 "그 사람 어땠어?"라고 묻는다. 그럼 우리는 상대방을 착하다, 귀엽다, 인상이 좋다, 목소리가 좋다 등 다양한 표현들로 설명을 한다.

이것이 바로 우리에게 각인된 상대방의 이미지이다.

이미지는 외모, 표정, 헤어스타일, 의상, 목소리, 말투, 제스처 등 여러 가지 요소들로 결정되는 것이다.

그래서 이미지는 자기 자신을 잘 표현하기 위해 만들어진 하나의 작품과 같다.

어떻게 이미지를 만드느냐에 따라 자신의 가치를 높이는데 영향을 미치며 인간관계에 있어서도 친근한 인상으로 쉽게 다가갈 수 있는지, 무뚝뚝한 인상을 주어 거리감을 줄 수도 있다.

이렇게 이미지는 인관관계 뿐만 아니라 직장이나 사업에서 이루고자 하는 목표를 달성하는데 아주 큰 영향을 미치기도 한다.

연예인들을 보면 현실과 TV에서 보는 성격과 다른 경우가 있다. 자신의 가치를 높이기 위해 성격, 의상, 헤어스타일, 말투 등 이미지 메이킹을 한 것이다.

시청자들은 TV에서 보이는 연예인의 모습을 통해 이미지를 판단하기도 한다.

이렇게 보여지는 이미지로 상대방이 나 자신을, 내가 상대방을 판단할 때에 활용된다.

이미지는 변화가 가능하지만 누군가에게 한번 각인된 이미지는 쉽게 변하지 않기 때문에 처음에 이미지 메이킹을 할 때 어떻게 만드느냐가 중요하다.

이미지 메이킹이란 외적 이미지와 내적 이미지를 상황과 목표에 맞게 가꾸어 신뢰감과 호감도를 높여주어 목표를 잘 이룰 수 있도록 도와주는 것이다.

이미지 메이킹 개인 뿐만아니라 단체, 기업들 또한 외부업체, 사회, 고객들에게 비춰지는 이미지가 중요하므로 이미지 메이킹에 많은 투자를 하고 있다.

2. 첫인상

1) 첫인상이란?

- 인상의 사전적 의미는 어떤 사람이나 사물에 대해 총체적으로 요약된 평가이다.
- 첫인상은 관계에서 가장 중요한 소통의 시작이다.
- 초두효과 : 처음 느낀 인상, 이미지 등이 후에 알게 된 것들보다 더 큰 영향을 미친다.
- 그래서 첫인상은 마지막 인상이라는 말이 있다.
- 첫인상은 6-7초 사이에 결정된다.

잘 만들어진 이미지는 사회에 나갔을 때 첫인상을 결정짓는데 큰 역할을 한다.

취업을 위한 면접을 볼 때나 취업 후 첫 출근 때 상사나 동료들과의 첫 만남에서 첫인상은 관계형성에 영향을 미치기 때문에 매우 중요하다.

'첫인상이 모든 것을 결정한다.'라는 말이 있듯이 첫인상은 초두효과가 있어서 한번 형성된 인상이나 이미지는 바꾸기 쉽지 않다.

면접관들은 면접 보는 짧은 시간에 지원자를 파악하고 점수를 준다. 그래서 면접관들은 합격여부를 줄 때 86% 첫인상으로 결정한다고 한다.

예를 들어 경력이 화려하지만 표정과 말투가 딱딱하고 태도도 좋지 않은 A가 있고 A보다 경력은 조금 부족하지만 면접 보는 내내 부드러운 표정과 미소를 지으며 밝은 목소리, 바른 태도로 앉아있는 B가 있다면 면접관들은 누구를 선택하겠는가.

바로 B일 것이다.

요즘처럼 서비스가 기본인 사회에서는 긍정적인 마인드와 호감도를 높이는 첫인상이 성공적인 회사생활을 하는데 필수라고 할 수 있다.

호감도를 높이는 첫인상은 외모가 예쁘고 잘생겼다고 좋은 평가를 받는 것이 아니다.

앞에서도 언급했듯이 표정과 태도, 옷차림, 말투 등 다양한 부분들이 인상을 결정짓는데 영향을 미친다.

이미지에는 직접적인 이미지(외적 이미지)와 간접적인 이미지(내적 이미지)가 있다.

내적이미지에는 가치관, 신념, 지적수준, 성격, 배려심 등이 포함되고 외적이미지에는 표정, 메이크업, 헤어스타일, 태도, 자세, 옷차림, 동작 등이 포함된다.

미국의 심리학자 앨버트 메러비안(Albert Mehrabian)이 내놓은 7:38:55 비율을 메러비안 법칙이라고 한다.

메러비안 법칙에서 이미지를 결정짓는데 얼굴표정, 태도 등을 포함하는 외모가 가장 많은 부분을 차지하며(55%), 다음으로는 목소리(38%), 마지막으로 언어가 가장 작은 부분을 차지했다(7%).

즉 의사소통에 있어서 언어적 커뮤니케이션보다 전달하는 방법인 비언어적 커뮤니케이션이 더 중요하다는 것을 의미한다.

- 이미지의 구성요소 중 55% : 외모
- 이미지의 구성요소 중 38% : 목소리
- 이미지의 구성요소 중 7% : 언어

① 외모

얼굴표정, 몸짓, 행동, 스타일(패션, 메이크업, 헤어)

② 목소리

소통하는데 가장 중요한 매개체인 목소리는 말하는 사람의 에너지, 메시지 전달의 힘이다.
소통에 있어 좋은 목소리는 상대방에게 호감도를 높인다.
남성 - 저음 / 여성 - 높은 톤이 긍정적인 이미지를 준다.

③ 언어

상황과 상대의 연령 등을 고려하여 잘 사용하면 좋은 첫인상 형성에 도움을 준다.
정확하고 명확하게 말해야한다.
자신감 있게 말해야한다.
논리적으로 말해야한다.
칭찬을 아끼지 않는다.

2) 자신의 이미지 진단.

이미지는 보는 사람의 시각에 따라 다 다르게 보일 수 있으며 자신의 실제 이미지와 다른 이미지로 각인 될 수 있다. 다른 사람들이 보는 나의 이미지를 정확하게 파악하고 긍정적인 이미지를 만들도록 노력해야한다.

① 이미지 진단 체크하기

- 어른들에게 예의 바른 말을 사용한다.
- 친구들이나 후배들이 주변에 많다.
- 주변에서 처음에 접근하기 힘들다는 말을 듣는다.
- 감정 기복이 심하다.
- 동작이 느린편이다.
- 수동적 자세
- 평소에 표정이 차갑다, 딱딱하다는 말을 많이 듣는다.
- 자주 인상을 찡그린다.
- 감정이 얼굴에 잘 드러난다.
- 외모에 신경을 안 쓴다.
- 세련되지 못하다는 말을 자주 듣는다.

3) 호감도를 높이는 첫인상 만들기

① 대화를 나눌 때 시선처리

상대방을 파악하려면 대화중에 눈을 보면 된다. 상대방의 시선을 보면 그 사람의 현재 감정,관심, 진실성을 알 수 있다.

대화중에 상대방을 힘주어 바라보거나 노려보면 상대방은 자신에 대해 부정적인 이미지를 가지고 있다고 생각 할 수 있다.

또 상대방을 보지 않고 주변을 살피면 자신에게 관심이 없다고 생각할 수 있다.

그렇기 때문에 항상 대화 할 때에는 상대방에게 관심이 있다는 느낌일 주기위해 상대방의 눈을 봐야하며 부드럽고 따뜻한 느낌이 줄 수 있게 바라봐야한다.

② 상대방을 바라볼 때 표정

표정은 개인의 심리상태를 알 수 있는 중요한 요소이다. 표정 하나로 상대방의 기분을 좋게 만들기도 하고 불쾌감을 주기도 한다.

누군가와 마주쳤을 때 억지 미소를 지어 보인다면 상대방은 불쾌감을 느끼게 된다.

또 늘 표정이 굳어있거나 차가워 보이거나 화가 나 보인다면 사람들에게 나쁜 인상을 심어주게 된다.

상대방을 바라볼 때에는 항상 미소를 잃지 않고 억지 표정이 아닌 자연스럽고 부드러운 미소를 지어보여야 한다.

면접을 보러가기 전에 눈과 입 주변 근육을 풀어주고 거울을 보며 미소 짓는 연습을 하는 것도 많은 도움이 된다.

③ 대화 나눌 때 목소리와 언어

목소리와 언어는 자신의 감정과 생각, 개념 등을 파악할 수 있고 신뢰감을 얻을 수도 있고 부정적인 이미지를 줄 수도 있다. 같은 말이라도 어떤 목소리로 어떠한 언어를 사용해서 전달하느냐에 따라 다른 의미로 받아들여지기도 한다.

대화를 나누는 상대, 상황과 목적에 따라 목소리의 크기와 속도, 발음을 정확하게 사용해야 의도한 메시지를 효과적으로 전달할 수 있다.

정확한 의사전달을 위해서는 지속적인 발음연습과 복식으로 소리를 내는 연습을 꾸준히 하는 것이 좋다.

또 상황에 맞지 않는 언어를 사용했을 때 마이너스가 될 수 있으므로 상대방의 연령과 직급에 따라 높임말을 사용하는 방법을 익혀두는 것이 좋다.

3. 이미지메이킹의 원칙

이미지메이킹은 개인의 개성과 직업, 상황에 맞게 자신이 원하는 인상이나 이미지를 만들어가는 과정을 의미한다.

자신의 모습을 완전히 버리고 새로 만드는 것이 아니라 가지고 있는 개성은 살리고 숨어있던 장점들을 이끌어내 자신의 상황에 맞게 이미지를 만들어 직업과 환경에 어울리는 전문가의 모습으로 만드는 것이다.

이미지메이킹은 상대방에게 좋은 이미지를 각인시켜 관계를 원만하게 해주며 자기 관리의 시작으로 긍정적인 효과를 낼 수 있다.

① 이미지메이킹을 함에 있어서 먼저 자기 자신을 잘 파악해야 한다. 자신의 장점과 단점을 객관적으로 분석하고 남들에게 보여지는 모습과 비교하며 자신의 이미지에 부정적인 영향을 미치는 요인을 찾고 좋은 점은 극대화 시킬 수 있도록 해야한다.

② 이미지는 외적인 이미지로만 판단되는 것이 아니다. 가치관, 신념, 성격, 지적수준, 배려 등 내적인 이미지도 중요하다. 이미지의 가치를 높이기 위해서는 외적인 부분을 꾸미면서 내적인 부분도 높이기 위해 자신의 목표를 설정하고 목표달성을 할 때까지 자기 개발에 힘써야 한다.

③ 상황과 대화하는 대상에 맞게 자신을 포장할 줄 알아야 한다. 예를 들어 성분, 효능, 효과가 좋은 화장품이 있는데 포장이 형편없으면 어떨까? 아무리 좋은 제품이라고 하더라도 값어치는 떨어질 것이다. 헤어나 네일 시술을 받기 위해 미용실을 방문할 때도 고객의 심리도 똑같다. 같은 서비스라면 더 예쁘고 고급스러운 샵을 선호할 것이다.
자기개발을 통해 자신의 내적 부분을 개발했다면 그 부분들이 돋보일 수 있도록 외형적인 부분도 아름답게 개발해야 한다.

④ 자신의 내적 이미지와 외적 이미지를 모두 만들었다면 이제 알리고 팔아야 한다. 이미지를 완성시켰지만 그 능력을 발휘하지 못한다면 아무런 의미가 없다. 자신을 적극적으로 알리고 긍정적이고 높은 평가를 받을 수 있도록 노력하고 상대방에게 자신의 가치를 확실하게 인식시켜야 한다.

⑤ 가장 중요한 것은 진실된 이미지를 전달하는 것이다. 언제나 자신이나 상대에게 진실된 모습을 보여주어야 신뢰를 높일 수 있다.

4. 비즈니스의 기본매너

1) 매너의 의미와 매너의 중요성

매너의 어원을 살펴보면, 매너는 라틴어의 '마누아리우스(manuarius)'에서 시작된 말로 손(hand)을 의미하며 사람의 행동이나 습관을 의미하기도 하는 '마누스(manus)'와 방법이나 방식을 의미하는 '아리우스(arius)를 합친 단어이다. 즉, 매너의 어원으로 보면 사람이 행동하는 방법이나 방식이라 볼 수 있다.

매너는 상대방을 배려나 존중하는 마음에서 나오는 행동으로 한번 더 상대방을 생각하고 행동하는 것이다.

예를 들어 백화점이나 건물 안으로 들어갈 때 바로 뒤에 들어오는 사람을 생각해서 문을 열어주는 행동이나 음식을 먹을 때 소리 내지 않는 행동, 식당이나 남의 집에 갔을 때 신발을 가지런히 정리하는 행동 등이 매너에 포함된다.

매너는 좋은 인간관계 형성을 위해서 꼭 필요한 부분이며 자신을 나타내는 가장 좋은 방법이기도 하다.

또 매너는 인간관계뿐만 아니라 직장에서도 매우 중요하다.

아무리 일을 잘하는 사람도 매너가 좋지 못한 사람은 나쁜 평가를 받게 된다.

그 사람의 매너있는 행동은 그 사람을 평가할 때 기준이 되며 직장 내 좋은 대인관계 형성에 도움이 되며 사업이나 직장 내 성공에 큰 영향을 미친다.

특히 뷰티관련 직업들은 서비스 마인드가 빼놓을 수 없는 직업으로 매너는 필수이며 소셜네크워크(SNS)를 통해 고객들과 쉽게 소통하는 요즘 반드시 갖추어야 할 요소이다.

매너의 기본 조건으로는 크게 인사, 자세, 표정, 복장, 언어 이 5가지 요소가 있다.

2) 인사와 매너

인사는 인간관계의 첫 신호이며 반가움을 표현하거나 인사의 각도에 따라 존경심과 친절을 나타내는 마음가짐의 외적 표현이므로 인사를 통해 상대방에게 호감을 높일 수 있다.

인사는 마음의 문을 여는 열쇠로 상대방과 원만한 인간관계를 형성할 수 있다.

반대로 상대방과 마주했을 때 인사를 망설이거나 말없이 고개만 까딱이면 성의가 없어 보이고 인사의 효과도 없다. 또 무표정으로 무뚝뚝한 인사는 오히려 기분을 상하게 할 수 있으며 너무 지나친 인사도 상대방에게 부담을 줄 수 있다.

◎ 기본자세

- 반가움 또는 존중하는 마음으로 상대방의 눈을 바라본다.
- 밝은 미소를 보낸다.
- 양 다리를 가지런히 하고 바른 자세로 선다.
- 남자는 달걀하나를 쥐고 있는 듯 약간 주먹을 쥐고 차렷 자세를 한다.
- 여자는 오른 손을 위로 올라가게 포갠 후 배꼽 아래 가볍게 둔다.
- 고개를 반듯하게 들고 턱은 자연스럽게 당기고 선다.
- 고개와 허리가 일직선이 되도록 전체를 숙여 인사한다.
- 밝고 명랑한 목소리로 인사한다.
- 인사는 내가 먼저한다.
- 상황에 맞게 인사를 한다

◎ 인사의 4박자

인사는 눈으로 하는 인사 - 입으로 하는 인사 - 허리를 숙여 하는 인사 - 눈으로 하는 인사 순으로 4박자를 기억하면 된다.

1박자 인사 말을 한 후 허리를 숙인다.
2박자 잠시 멈춘다.
3박자 천천히 몸을 일으킨다.
4박자 눈을 마주보며 가볍게 미소 짓는다.

① 인사의 종류

목 례

- 가벼운 인사로 상체를 15도 정도 굽힌다.
- 직장 동료나 아랫사람에게 인사하는 경우
- 좁은 공간에서 만났을 경우
- 복도에서 자주 만나게 될 경우
- 낯선 어른과 마주칠 경우

경 례

- 평상시에 하는 인사 방법으로 상체는 30도 정도 굽힌다.
- 상사나 어른에게 인사하는 경우
- 고객을 맞이하는 경우

큰 경례

- 중중례라고도 한다.
- 상체를 45도 정도 굽힌다.
- 감사나 사죄를 표시하는 경우
- 결혼식이나 큰 행사를 행하는 경우

악 수

- 가볍게 인사말을 나누는 방법이다.
- 악수할 때 손은 너무 세게 잡지 않는다.
- 윗사람과 악수할 때에는 고개도 함께 숙인다.
- 악수는 손윗사람이 아랫사람에게, 상급자가 하급자게에 청한다.
- 상사가 악수를 청하면 오른손을 내밀고 왼손은 오른쪽 팔꿈치에 가볍게 붙인다.
- 가슴높이에서 부드럽게 잡고 3번정도 가볍게 흔든다.

② 인사말과 서비스 인사말

인사는 가장 기본 매너로 사람과의 관계에서는 인사로 시작해서 인사로 헤어지므로 인사는 습관화 되어야한다.

상황에 맞는 적절한 인사말은 사람의 마음을 표현하는 방법으로 서비스의 근본이다.

형식적인 인사보다 진심에서 우러나오는 마음으로 즐겁게 인사를 해야한다.

인사를 잘하기 위해서는 T.P.O를 신경 써야 한다. T(Time:시간), P(Place:장소), O(Occasion:경우)를 생각하며 장소와 상황에 맞게 인사를 하는 것이 좋다.

고객이 왔을 때 밝게 인사를 한다면 고객에게 나 자신뿐만 아니라 회사에 대한 이미지도 높일 수 있으며 감사함과 죄송함을 표할 때도 진심으로 인사말을 전한다면 상대방의 마음도 열 수 있다.

- 출근할 때
  - 안녕하십니까?
- 퇴근할 때
  - 안녕히 가세요. 수고하셨습니다.
- 무언가를 부탁할 때
  - 죄송합니다만~, 번거로우시겠지만~
- 감사를 표할 때
  - 정말 감사합니다. 찾아주셔서 감사합니다.
- 실수 했을 때
  - 죄송합니다.
- 고객을 기다리게 할 때
  - 죄송합니다만 잠시만 기다려주시겠습니까?, 기다려주셔서 감사합니다.
- 잠시 자리를 비울 때
  - 잠시 실례하겠습니다.
- 고객이 방문했을 때
  - 오시는데 불편하진 않으셨습니까? 안녕하십니까? 오랜만에 방문해 주셨네요~ 반갑습니다.
- 고객이 짐이 있을 때
  - 짐은 제가 보관해 드리겠습니다.
- 고객 안내할 때
  - (양손으로 안내하며) 자리 안내해 드리겠습니다. 이쪽으로 오시겠습니까? 차 한 잔 준비해 드릴까요?
- 시술을 받는 동안
  - 불편하진 않습니까? (시술받는 동안에 불편한 점 없으신지 중간에 체크한다.)
- 시술이나 업무가 끝난 후
  - 수고하셨습니다. (시술에 따라 마음에 드는지 또는 수정하고 싶은 부분 있는지 확인하고 카운터로 안내한다.)
- 고객을 배웅할 때
  - 불편한 점 없으셨나요? 방문해주셔서 감사합니다. 안녕히 가십시오.

3) 바른 자세

공부나 일을 시작할 때를 생각해보자. 사람들은 어떤 일을 시작하기 전에 필요한 자료들을 꺼내고 물이나 커피 한잔을 준비한다. 그리고 필요한 도구를 준비하고 바르게 앉아서 시작한다. 바른 자세는 어떤 일을 시작하는 준비자세로 그 사람의 자세와 태도를 보면 그 사람의 마음가짐을 알 수 있다.

누군가와 대화를 나 눌 때도 자세는 매우 중요하다. 상대방과 대화를 나눌 때 그 사람의 자세와 태도를 통해 상대방의 이야기에 경청을 하고 있는지, 상대방을 어떻게 생각하는지 알 수 있다.

단순한 인간관계나 직장에서 그 사람의 자세를 통해 품성을 알 수 있다. 또 바른 자세는 자신을 당당하고 자신감 있게 비추어 그 사람이 가지고 있는 내면의 자신감을 느끼게 되며 자세에서부터 신뢰감이 생기게 된다. 그래서 고객은 자세를 통해 직원의 이미지를 평가하게 된다. 고객은 직원의 응대과정에서 자세와 태도, 움직임, 말투 등을 보면서 평가하기 때문에 바른 자세를 유지하기 위해 평소에 노력해야 한다.

자세에는 노력이 필요하다. 평소에 바르지 못한 자세를 가지고 있다면 고객과 상담할 때 또는 회의할 때 자신도 모르게 습관처럼 평소 자세가 나오게 된다. 그러면 고객이나 거래처, 회사 사람들이 부정적인 이미지를 가지게 될 수 있다. 나쁜 자세로 인해 고객과의 계약이 성사되지 않을 수도 있다.

그래서 평소에 앉았을 때나 서있을 때나 바른 자세를 익혀 흐트러지지 않는 모습을 보일 수 있도록 한다면 자신의 삶에 많은 영향을 미칠 것이다.

바른 자세를 몸에 익힘으로써 고객이나 친구들, 동료, 상사들에게 좋은 인상을 주고 서비스의 효과를 향상시켜 일, 사업의 성패를 결정하는데도 영향을 미칠 것이다.

또 바른 자세는 건강을 위해서도 필요하다. 나쁜 자세는 골반을 틀어지게하고 척추에 영향을 주며 소화기관에도 영향을 미친다. 바른 자세는 힘을 고르게 분산시켜 어느 한 쪽에 치우치지 않아 육체적 피로를 줄여주고 몸의 균형을 맞추고 유지시켜준다.

바른 자세에는 상대방을 배려하는 마음, 존중하는 마음으로 상대방을 편안하게 해줄 수 있는 자세이다.

거울 앞에서 자신의 자세를 셀프체크해보고 바른 자세를 익혀 자신의 문제점을 고쳐 나가야한다.

① 바로 선 자세

- 허리와 등, 목은 일직선이 되도록 곧게 편다.
- 어깨는 움치리거나 올라가지 않도록 주의한다.
- 어깨에 힘을 빼고 자연스럽게 내려준다.
- 가슴을 활짝 편다.
- 엉덩이는 뒤로 빠지지 않도록 한다.
- 턱은 가볍게 당겨주고 들지 않도록 주의한다.
- 시선은 정면을 바라본다.
- 남자는 손을 달걀하나를 쥐고 있는 듯 약간 주먹을 쥐고 차렷 자세를 한다.
- 여자는 오른 손을 위로 올라가게 포갠 후 배꼼 아래 가볍게 둔다.
- 단, 상사나 고객과의 대면에서는 남자도 손을 포갠 후 배꼽 아래 가볍게 둔 자세를 취한다.
- 손가락은 벌어지지 않도록 한다.
- 뒷짐이나 팔짱을 끼지 않도록 주의한다.
- 배는 힘을 주어 살짝 안으로 넣는다.
- 발은 뒤꿈치를 모으고 양 발을 30도 정도 벌린다.
- 무릎에 힘을 주어 곧게 편다.
- 무릎이 벌어지지 않도록 주의한다.
- 짝다리로 서있지 않는다.
- 입은 가볍게 다물고 밝고 부드러운 미소를 짓는다.
- 고객과 대화를 나누면서 몸을 흔들지 않는다.
- 고객이 얘기할 때에는 손과 발을 움직이지 않는다.
- 고객이 얘기할 때에는 고객의 눈을 바라보고 주위로 시선을 돌리지 않는다.

자세 연습히기

벽을 기대고 선다.

벽에 종아리, 엉덩이, 어깨, 머리를 붙인다.

시선은 똑바로 앞을 바라본다.

턱은 당긴다.

허리와 벽의 사이는 손바닥만큼 틈이 벌어지는 정도가 가장 좋다.

무릎과 발목은 살짝 붙여준다.

---

② 바르게 앉기

- 의자에 앉을 때

- 허리를 곧게 편 상태로 천천히 앉는다.
- 허리와 등받이 사이는 주먹 한 개가 들어갈 정도로 띄어 앉는다.
- 앉을 때 소리가 나지 않도록 주의한다.
- 다리를 꼬거나 흔들지 않도록 주의한다.
- 여성: 치마를 입었을 경우, 다리를 붙이고 앉는다.
- 여성: 다리는 45도정도 옆으로 기울인다.
- 여성: 양손은 무릎 위에 가볍게 겹쳐 놓는다.
- 남성: 무릎은 어깨 넓이로 벌린다.
- 남성: 가볍게 주먹을 쥔 후 무릎 위에 올려놓는다.
- 어깨에 힘을 빼고 자연스럽게 내린다.
- 일어날 때는 항상 의자를 원래대로 바르게 정돈한다.

- 바닥에 앉을 때

- 어른과 함께 있을 경우, 어른이 먼저 앉으신 후 어른이 앉으라고 하면 앉는다.
- 방석은 밟지 않도록 주의한다.
- 방석에 낮을 때는 방석의 중앙에 앉는다.
- 여자: 한쪽으로 다리를 비스듬히 모아서 앉는다.
- 남자: 책상다리로 앉는다.
- 여자: 두 손을 가볍게 포개어 무릎위에 얹는다.
- 남자: 두 손을 가볍게 포개어 무릎위에 올려놓거나 또는 양쪽 허벅지 위에 가지런히 놓는다.
- 책상다리 사이로 손을 넣지 않도록 주의한다.
- 어른 앞에서는 무릎을 꿇고 앉아 있는다.

③ 바른 대기 자세

- 대기할 때 가슴과 등, 허리는 일직선이 되게 곧게 편다.
- 양 발은 나란히 11자가 되게하고 어깨 넓이만큼 벌린다.
- 여자의 경우는 뒤꿈치를 붙여 서있는 기본자세를 취한다.
- 남자는 왼손이 위로, 여자는 오른손이 위로 올라가게 하여 배꼽 밑에 가볍게 둔다.
- 너무 딱딱한 느낌이 들지 않도록 자연스럽게 서서 대기한다.

④ 기타 안내 태도

- 장소 안내

- '~로 안내해드리겠습니다.' 라고 장소를 말한다.
- 고객의 2보 앞에 서서 안내를 한다.
- 고객의 속도에 맞추어 걷는다.
- 방향과 위치 안내는 정확하고 정중하게 한다.

- 문을 열고 닫을 때

- 문을 열기 전 3회 정도 노크를 한다.
- 고객이 함께 있을 경우, 고객이 들어가기 편하도록 문을 열어준다.
- 문을 닫을 때는 큰 소리가 나지 않도록 조용히 문을 닫는다.

- 보고나 지시를 받을 때

- 지시자의 시야를 가리지 않도록 옆으로 가서 선다.
- 지시를 받을 때는 중요 내용을 메모하며 내용이 정확한지 확인한다.
- 질문이 있어도 지시자의 말을 끝까지 듣고 질문한다.
- 보고할 때는 보고할 내용을 정리하여 간단하고 정확하게 말한다.
- 업무를 마친 후 가볍게 목례를 한다.
- 두 세걸음 뒤로 이동한 후 돌아서 자리로 이동한다.

4) 표정

얼굴은 신체 중 가장 눈에 띄는 부분으로 감정 표현이 가장 강한 부분이다.

표정은 감정의 외적 표현으로 우리는 얼굴 표정만으로도 상대방의 마음을 읽을 수 있어 상대방의 기분을 파악하는데 중요한 요소가 된다.

표정은 첫인상과 이미지를 결정하는데 큰 영향을 미치며 표정은 고객에게 호감과 신뢰감을 전달하는 중요한 요소이다.

딱딱하고 차가운 인상은 고객에게 부정적인 이미지를 심어줄 수 있고 부자연스럽고 억지로 지어보이는 미소는 고객에게 부담을 주며 오히려 기분을 상하게 할 수 있다.

따뜻하고 예쁜 미소는 상대방도 미소 짓게 만들며 기분 좋은 사람, 따뜻한 사람이라는 인상을 심어주게 된다.

이렇게 표정은 사회생활과 인간관계의 시작점으로 처음 방문하는 고객들과 소통을 하려면 무엇보다도 호감을 주는 표정을 짓고 유지하는 것이 좋다.

첫인상이 좋아야 그 나에 대한 호감과 긍정적인 태도를 형성하여 그 이후 관계가 이어질 수 있다. 밝은 표정은 자신감을 나타내 보이기도하며 환영을 의미한다. 평상시 고객이나 직장 동료, 상사를 대할 때 밝고 부드러운 표정으로 대할 수 있도록 노력해야한다.

누군가와 대화를 나눌 때 사람들은 상대방의 눈을 보게 된다. 눈을 보는 것은 '나는 당신의 말에 집중을 하고 있습니다.' 라는 의미도 있지만 그 사람의 진실성을 판단할 수 있다. 그래서 전문가들은 사람의 표정으로 그 사람의 행동과 말이 진실인지 거짓인지 알 수 있다고 한다.

우리가 기분이 좋거나 즐거운 생각을 하면 저절로 눈의 표정은 밝아진다. 반대로 기분 나쁜 일을 생각하거나 상대방의 이야기가 싫을 때는 눈과 입의 표정이 어두워진다.

눈은 사람의 심리상태를 그대로 나타내기 때문에 늘 긍정적인 생각을 할 수 있도록 노력해야한다.

대화를 할 때 상대방의 눈을 제대로 바라보지 못하고 계속 눈동자를 움직인다면 자신감이 없어 보이고 신뢰감을 얻기가 힘들다.

또 당당하게 보이기 위해 오히려 눈에 힘을 준다면 상대방은 부담을 느끼게 된다.

눈의 표정을 지을 때는 상대방이 불편함을 느끼지 않도록 부드럽게 바라보며 상대방을 존중한다는 마음을 갖고 따뜻하게 바라봐야한다.

웃을 때 눈만 웃거나 입만 웃는 것은 진실성 있는 웃음이 아니다. 눈과 입이 같이 웃어야만 밝은 표정을 만들 수 있다. 밝은 표정을 만들 때 입의 표정은 입의 모양이 중요하다.

고객을 만났을 때나 인사를 할 때 보이는 웃는 표정은 입술에 힘을 빼고 자연스럽게 다물어 입술 꼬리가 살짝 올라가듯 미소를 지어 보이는 것이 좋다. 입 꼬리가 내려가 있거나 일직선이 되지 않도록 해야하며 입 꼬리가 한쪽만 올라가는 것은 상대방을 비웃는 느낌을 줄 수 있으므로 주의해야한다.

① 밝은 표정(웃음)의 효과

- 미소는 완벽한 서비스, 완벽한 커뮤니케이션의 도구
- 스트레스 해소를 시켜줘 건강에 도움을 준다.
- 웃음은 자신뿐만 아니라 상대방의 기분까지도 즐겁게 한다.
- 밝은 인상은 이미지 형성에 긍정적인 영향을 주고 편안한 기분이 들도록 해 원활한 인간관계를 만들어준다.
- 일을 성공으로 이끄는 자본이 된다.
- 밝은 표정은 업무의 효율을 증진시켜 실적 향상에 도움이 된다.

② 밝은 표정 연습

가끔 사람들은 이렇게 말을 한다. '저는 원래 웃는 인상이 아닌데요.', '전 웃는 표정이 어색해요', '친구들이 웃으면 이상하다고해요.'

사람들은 크게 소리 내어 웃는 것은 잘하지만 미소를 지어보이는 것은 어려워한다.

어려운 이유는 자주 해보지 않아서 어색한 것이다. 백화점 안내데스크나 승무원들을 보면 웃는 모습이 자연스럽고 예쁘다. 이런 서비스직에 종사하는 사람들은 웃는 표정이 가장 기본이라 습관이 되어있다.

어떤 사람은 늘 화가나있어 보이거나 차가운 인상을 가지고 있고 어떤 사람은 웃는 인상, 따뜻해 보이는 얼굴을 가지고 있다.

얼굴은 웃을수록 부드러워지고 웃는 인상으로 변해간다. 우리는 밝은 인상을 만들기 위해 예쁜 미소를 짓는 연습을 해야 한다.

거울을 보면서 수시로 웃는 연습을 해보자. 시작 전에 얼굴 근육을 풀어줄 수 있는 운동을 해 근육을 부드럽게 풀어주면 더 자연스러운 미소가 나올 수 있다.

- 입꼬리를 잡아당기는 느낌으로 위로 올려준다.
- 눈을 지그시 감고 눈의 긴장을 풀어준다.
- 눈동자를 누운 8자 모양을 그리며 움직인다.
- 눈을 꼭 감았다가 크게 뜨는 동작을 반복 한다.
- 입안 가득 공기를 넣어 볼이 볼록해지게 한다. 그리고 공기를 빼는 동작을 반복한다.
- 입을 최대한 크게 하여 천천히 아, 에, 이, 오, 우 소리를 낸다.
- 입을 크게 벌렸다가 다시 다물어 주는 동작을 반복한다.
- 눈썹을 위로 올렸다가 내려서 힘을 완전히 빼는 연습을 한다.

위의 동작들을 하루에 1번 이상, 3분씩 연습을 통해 나에게 어울리는 자연스러운 표정을 찾아나가는 것이 좋다.

거래처 방문이나 고객을 만나기 전에 위의 동작들을 반복하여 근육을 풀어주고 혹시나 시간이 부족해서 할 수 없다면 만나기 직전에 입을 최대한 크게 하여 천천히 아, 에, 이, 오, 우 소리 내는 동작을 해 입 근육을 풀어주면 더 자연스러운 미소를 지을 수 있다.

③ 자신의 표정 체크하기.

- 평소 자신의 인상이 어떤지 거울앞에서 서서 확인한다.
- 거울을 보고 자신의 웃는 표정이 자연스러운가 확인한다.
- 평소 웃는 모습이 예쁘다는 말을 자주 듣는다.
- 미소 지을 때 눈과 입이 같이 웃고 있는지 확인한다.
- 미소 지은 얼굴을 얼마나 유지할 수 있는지 체크한다.
- 낯선 사람을 만나거나 사람들이 많은 곳에서도 자연스럽게 웃을 수 있는지 체크한다.
- 웃을 때 눈이 너무 많이 감기는 것은 아닌지 체크한다.
- 미소 지을 때 입꼬리가 한쪽만 올라가지는 않는지 체크한다.

5) 용모와 복장 매너

용모와 복장은 시각적 이미지 형성의 요소로 첫인상을 결정짓는데 가장 큰 영향을 미친다. 용모와 복장은 자신을 표현하는 수단 중 하나로 상대방이 자신을 평가하는 수단이며 자신을 관리, 통제하는 수단이다. 또 관심과 노력에 의해 개선될 수 있기 때문에 평가에 더 많은 영향을 미치게 된다.

우리가 누군가와의 첫 만남을 생각해보자. 사람A는 찢어진 청바지에 라운드 티를 입고 슬리퍼를 신고 나왔고 사람B는 깔끔한 셔츠에 정장바지를 입고 구두를 신고 헤어도 깔끔하게 정리를 하고 나왔다. 그렇다면 우리는 A와 B중에 누구에게 더 호감이 가겠는가?

대부분은 당연히 사람B를 선택할 것이다. 인간관계에서 그 사람의 용모와 복장은 상대방에 대한 기본 예의로 단정하지 못한 옷차림은 자신을 무시한다는 느낌을 받게 하고 단정하고 예쁜 옷차림은 자신을 존중하고 소중하게 생각한다는 느낌을 받게 하며 상대방에게 신뢰감을 줄 수 있는 요소가 된다.

용모와 복장은 시간, 장소, 상황에 따라 맞추어 자신의 개성을 살리면서 단정하고 자신 또는 단체의 이미지와 어울리게 꾸며야하며 너무 과하게 입어서는 안 된다.

그래서 최근에는 자신의 의상 선택에 도움을 주는 퍼스널컬러진단을 많이 받는다.

퍼스널컬러진단은 자신이 가지고 있는 헤어색, 피부색, 눈동자색 그리고 이미지와 조화를 이루어 자신의 장점을 살려 생기가 돌고 활기차 보이도록 해주는 개인의 컬러를 찾는 방법이다.

사람들마다 자신에게 어울리는 색상과 어울리지 않는 색상이 있다.

맞지 않는 색상의 옷이나 헤어컬러를 했을 경우 피부 결이 거칠어 보이고 피부 톤이 칙칙해 보이며 단점이 부각되게 된다. 반대로 자신에게 맞는 컬러의 옷을 입으면 생가가 돌고 활기차 보이며 어려보일 수 있다.

자신에게 맞는 옷과 메이크업을 하기 힘들어하는 사람이라면 퍼스털컬러진단을 통해 자신의 컬러를 찾고 용모와 복장을 꾸미는 것도 방법이다.

미용인들에게 있어 용모와 복장은 샵과 서비스의 수준을 판단하는 기준이 되기 때문에 직원들의 용모와 복장은 매우 중요하다.

미용인은 고객의 헤어, 피부, 얼굴, 네일 등을 꾸며 고객을 아름답게 만드는 일을 한다. 그러기 위해서는 고객이 자신을 신뢰할 수 있도록 자기 자신부터 꾸며 전문가의 모습을 만들어야한다.

회장품 회사나 피부샵에서 근무하는 직원들은 자신의 피부부터 가꾸고 헤어살롱에서 근무하는 직원들은 헤어디자인이나 컬러를 예쁘게 표현하기 위해 노력한다.

만약 고객이 피부 관리를 받기위해 방문했는데 관리사의 피부가 좋지 않고 복장이 지저분하면 고객이 그 관리사를 믿고 자신의 피부를 맡길 수 있을까?

그 고객은 관리사에게 신뢰를 잃고 샵 전체 이미지에도 부정적인 평가를 하게 되고 다음에는 방문을 하지 않을 것이다.

그렇기 때문에 우리는 업무를 시작하기 전에 자신을 복장과 용모를 점검할 필요가 있다.

자신의 직업과 직장에 어울리는 용모와 복장을 갖추어 프로다운 모습을 완성함으로써 자신의 실력과 서비스를 더 돋보이게 만들어 줄 수 있다.

◎ 용모와 복장의 효과

- 첫인상을 결정하는데 큰 영향을 미친다.
- 고객에게 신뢰감을 준다.
- 직장의 분위기와 이미지에 영향을 준다.
- 자신의 체형과 결점을 보완할 수 있다.
- 자신감을 갖게된다.
- 자신의 태도, 행동을 통제하고 관리할 수 있다.
- 일의 성과를 높이는데 영향을 미친다.

◎ 용모와 복장의 조건

- 청결하고 단정함이 가장 중요하다.
- 자신의 개성을 잘 나타내는 것이 좋다.
- 자신에게 맞는 컬러를 찾아 코디한다.
- 너무 과하지 않도록 주의한다.
- 상황과 장소, 직업에 연출 한다.
- 직장의 전체적인 분위기와 이미지에 맞게 입어야한다.
- 업무에 효율적인 옷으로 선택한다.
- 품위있는 옷을 입는다.

① 헤어

- 남성

- 모의 성장 속도에 맞춰 두발이 지저분해지지 않도록 확인하고 이발한다.
- 앞머리는 이마를 가리지 않는 것이 좋다.
- 지나치게 유행을 따르는 스타일은 삼가 한다.
- 직업에 따라 지나치게 밝은 색상의 헤어 컬러는 피한다.
- 머리카락이 흘러내리지 않도록 잘 고정시킨다.
- 뒷머리가 셔츠 깃에 닿지 않도록 주의한다.

- 여성

- 단발의 경우, 항상 모발 끝을 단정하게 정리해준다.
- 지나친 펌이나 염색은 삼가 한다.
- 긴 머리의 경우 단정하게 묶어주는 것이 좋다.
- 지나친 헤어 악세서리는 피한다.
- 앞머리가 눈을 가지리 않도록 한나.
- 머리카락이 흘러내리지 않도록 한다.

② 얼굴 및 메이크업

- 남성

- 외출 전 항상 면도를 하고 코털이 나오지 않도록 정리한다.
- 깔끔하게 정리된 눈썹은 단정한 이미지를 준다.
- 피부 톤에 맞지 않는 스킨메이크업 제품은 거부감을 줄 수 있다.

- 여성

- 아이 메이크업이나 립 메이크업이 너무 진하지 않도록 한다.
- 메이크업의 색상은 자신에게 맞는 컬러를 찾아서 사용한다.
- 과하지 않는 자연스러운 메이크업이 좋지만 맨 얼굴로 출근하는 것은 안 된다.
- 아이 메이크업 시 펄이 많이 들어간 제품은 피하는 것이 좋다.
- 진한 향의 제품들은 상대방에게 거부감을 줄 수 있으므로 피한다.
- 깔끔하고 선명한 메이크업으로 또렷한 이미지를 주는 것이 좋다.

③ 네일

- 남성
  - 손톱을 짧게 깎는다.
  - 손톱에 때가 없는지 수시로 확인하고 관리한다.
  - 손은 자주 씻어준다.
- 여성
  - 손은 자주 씻어준다.
  - 손톱이 너무 길어 나오지 않도록 한다.
  - 직업에 따라 너무 과한 네일 디자인은 피하는 것이 좋다.

④ 복장

- 남자
  - 퍼스널컬러진단을 통해 자신에게 맞는 색상의 옷을 선택한다.
  - 자신의 체형에 맞는 옷을 선택한다.
  - 와이셔츠는 밝은 색상이 좋다.
  - 와의셔츠 소매와 깃은 깨끗하게 유지한다.
  - 화려한 무늬는 피한다.
  - 벨트는 검정색이나 짙은 갈색으로 한다.
  - 양말은 양복바지 색상과 어울리는 색으로 선택하고 발목양말은 피한다.
  - 구두는 검정색이나 갈색으로 하고 양복에 맞는 색상을 택하다.
  - 출근 전 구두를 닦아 깨끗하게 한다.
- 여자
  - 너무 짧은 스커트는 피하는 것이 좋다.
  - 움직임이 많은 날은 스커트보다 바지를 입는 것이 좋다.
  - 셔츠나 블라우스를 입을 때 속옷이 비치지 않도록 한다.
  - 셔츠나 블라우스의 소매와 깃은 깨끗하게 한다.
  - 자신의 체형과 이미지에 맞는 색상과 디자인의 옷을 선택한다.
  - 구두는 너무 화려한 색상은 피하고 의상에 맞는 색상을 고른다.
  - 구두의 힐이 너무 높은 것은 피하는 것이 좋다.
  - 스커트를 입었을 때는 스타킹을 신는다.
  - 지나치게 화려하거나 불필요한 악세서리는 하지 않는다.

6) 언어의 매너

인간관계의 완성은 대화이며 대화를 통해 우리는 그 사람의 인간성을 판단하게 된다.

대화는 상대방을 존중하고 배려하는 마음을 토대로 이루어져야 좋은 관계를 유지할 수 있다.옛말에 '말 한마디로 천 냥 빚을 갚는다.'라는 말이 있듯이 존중과 배려가 없는 대화는 상대방의 마음을 상하게 하고 부정적인 이미지나 인상을 남길 수 있어 결국 인간관계에 악영향을 미치게 된다.

대화를 하다보면 그 사람의 언어 습관을 볼 수가 있다. 평소 비속어를 많이 사용하는 사람들은 대화 중에 자신도 모르게 비속어가 나오게 되어 상대방으로부터 좋지 않은 인상을 남길 수 있다. 또 언어는 상대방의 감정에도 영향을 미친다. 평소 부정적인 말을 많이 하거나 남을 비판하는 하는 말을 많이 하는 사람과 대화를 하다보면 듣는 사람은 기분이 나빠지게 되고 그 사람에 대해 부정적인 이미지가 형성이 된다.

평소 사용하는 단어, 언어습관을 잘 다듬어 놓으면 좋은 인간관계를 형성하는데 도움이 될 뿐만 아니라 자신의 인격을 높일 수 있다.

말을 할 때에는 맑고 부드러운 목소리로 말을 하고 상황에 따라 속도와 크기를 조절하며 대화를 하는 것이 자신의 의견을 효과적으로 전달 할 수 있다.

◎ 말하는 자세

- 바른 자세로 앉는다.
- 상대방의 눈을 보며 말한다.
- 발음을 정확하게 한다.
- 말의 속도와 강도를 조절하며 말한다.
- 알아듣기 쉬운 단어를 사용한다.
- 부정적인 말은 하지 않는다.
- 과장된 몸짓은 하지 않는다.
- 일방적으로 이야기 하지 않는다.

특히 미용인들은 시술 중에 고객과의 대화를 많이 하게 된다. 대화를 할 때 항상 좋은 단어, 좋은 말을 하도록 노력해야한다. 좋은 말과 진정성 있는 대화는 상대방에게 좋은 인상을 남길 수 있다.

그리고 고객과의 대화에서는 기분 좋은 대화를 이어나가기 위해서는 경어를 자연스럽고 부드럽게 잘 사용할 수 있어야 한다.

◎ 바른 경어사용

- 나 - 저
- 이 사람 - 이 분
- 전화 주세요 - 전화 부탁드립니다.
- 안 됩니다 - 어렵습니다.
- 우리 - 저희
- 너 - 고객님
- 집 - 댁
- 있다 - (사람)계십니다. / (물건)있습니다.
- 누구- 어느분
- 이름 - 성함
- 잠시만요 - 죄송합니다만 잠시만 기다려 주시겠습니까?

대화는 상대방의 이야기를 들어주는 것으로부터 시작된다고 한다. 주변에 사람들이 잘 따르는 사람을 보면 상대방의 이야기를 잘 들어준다는 특징이 있다. 상대방의 이야기를 잘 들어주는 것이 그 사람의 마음을 여는 열쇠가 된다.

◎ 상대방의 말을 듣는 자세

- 바른 자세로 앉아서 이야기를 듣는다.
- 상대방의 말을 들어 줄 때에는 상대방은 눈을 부드럽게 바라본다.
- 객관적인 입장에서 들어준다.
- 상대방의 말을 중간에 끊지 안하고 끝까지 경청한다.
- 손장난을 치거나 두리번거리지 않는다.
- 상대방의 질문에 건성으로 대답하지 않는다.
- 상대방이 말을 할 때 팔짱을 끼지 않는다.
- 중간 중간 맞장구를 쳐 상대방의 말에 경청, 공감함을 표현한다.
- 중요한 내용은 베모하년서 듣는다.

7) 전화 매너

업무를 함에 있어 전화는 기본이라 할 수 있다. 뷰티 살롱의 경우, 고객은 방문하기 전 예약, 영업시간, 위치 등을 파악하기 위해 전화를 건다. 우리는 전화상으로 고객과의 첫 만남이 이루어진다. 전화는 상대방의 얼굴을 직접 보지 않고 대화가 이루어지기 때문에 전화를 걸거나 받는 방법과 태도에 따라 그 직원과 샵에 대한 첫 이미지가 형성이 되고 자칫 소홀해지면 고객의 기분을 상하게 하기도 한다.

콜센터의 경우 고객과 직원의 직접적인 만남이 아니라 전화상으로만 연결이 된다. 그래서 청각에 집중이 되고 청각 상담원의 말투, 목소리, 전화태도로 그 직원을 판단하며 회사에 대한 이미지로 결론짓게 된다.

직접 얼굴을 마주하지 않고 전화상으로만 대화를 하는 것은 오히려 진심을 전달하기가 어렵다. 전화상으로 첫 이미지를 판단하는데 음성이 82% 영향을 미친다.

그렇기 때문에 전화 업무를 볼 때에는 음성에 더 많은 신경을 써야한다.

① 전화 매너의 필수요소

• 신속

고객은 자신의 요구사항이 빨리 해결되길 바란다. 전화는 벨소리가 2~3회 울리기 전에 신속하게 받아야하며 안내는 간단명료하게 해야한다.

• 친절

친절은 가장 기본적인 사항으로 특히 불만을 가지고 전화를 한 고객의 경우 전화상 불친절할 경우 불만이 더 커지게 된다. 전화를 받으면 따뜻하고 밝게 인사말을 하고 고객의 말에 관심을 갖고 경청한다.

대화가 끝난 후 “더 궁금하신 점 없으신가요?”, “더 필요하신 부분 없으신가요?” 등 플러스 원 한마디를 해주는 것이 좋다.

• 정확

업무에 대한 정확한 지식을 가지고 고객의 문의사항에 대해 바른 안내를 해줄 수 있어야하며 메모습관을 만들어 고객의 요구사항을 빠트리지 않도록 꼼꼼하게 메모하고 중요사항이나 문제 해결 중 고객에게 확인을 해준다.

• 정중

어떤 고객이나 상황이라도 예의를 잃지 않아야하며 잘못 걸려온 전화일지라도 정중하게 통화를 해야한다.

② 전화의 방법

• 전화를 걸거나 받을 때

항상 메모지와 필기도구를 준비고 전화벨이 3번 울리기 전에 받는다.

인사와 함께 상호명과 자신의 직책 또는 이름을 밝힌다. 그리고 고객의 용건을 경청한다.

"안녕하시니까? 00살롱 매니저 000입니다."

• 통화 중에 고객이 기다려야 할 때

정확하게 상황을 설명하고 예상 대기시간을 알려준다. 통화 중 고객이 대기해야 할 경우, 사과의 뜻을 밝힌다.

"요청하신 부분 확인해보겠습니다. 죄송하지만 잠시만 기다려 주시겠습니까?."

"죄송합니다만, 30분정도 걸릴 것 같습니다. 제가 확인 후 전화 드리겠습니다."

대기시간이 길어질 경우 중간에 상황을 알리며 재확인을 해준다.

"지금 요청하신 사항 확인중입니다. 잠시만 기다려 주시겠습니까?."

• 다른 직원에게 연결해야 할 때

다른 직원에게로 연결이 필요한 경우 이어서 전화를 받을 사람을 알리고 이유와 양해를 구한다.

"고객님께서 요청하신 사항은 ○○부서 담당입니다. ○○부서 담당직원에게 연결해드리겠습니다."

만약 담당자가 부재중 일 경우, 상황을 설명하고 통화 가능한 시간을 알리거나 메모를 남겨준다.

• 전화를 끊을 때

더 필요한 사항이 없는지 확인하고 감사 인사를 전한다. 전화는 고객이 먼저 끊은 후 수화기를 내려놓는다.

"더 필요하신 부분은 없으십니까?", 감사합니다."

8) 비즈니스 매너

① 직장상사

- 상사가 지시할 때 항상 메모하는 습관을 만든다.
- 보고는 요점만 정리하여 정확하게 전달한다.
- 부정적이고 소극적인 자세는 좋지 않다.
- 출근시간, 약속시간은 철저하게 지킨다.
- 상사와 회사에 대한 불신감은 버린다.
- 자만심은 좋지 않다.
- 표정관리를 잘 한다.
- 상사의 조언이나 충고에 귀 기울여 듣는다.
- 밝은 표정으로 인사한다.
- 상사의 지시를 받을 때 공손해야한다.
- 업무 지시에 적극적인 자세를 취한다.
- 상사에게 존경하는 마음 갖는다.

② 부하직원

- 업무지시는 알아듣기 쉽게, 명확하게 한다.
- 부하직원이 본받을 수 있도록 자기계발에 힘쓴다.
- 약속은 철저히 지킨다.
- 결재는 신속하게 처리한다.
- 퇴근시간 직전이나 퇴근 후에는 지시를 내리지 않는다.
- 부하 직원에 대한 편견은 버려야한다.
- 직원들을 대할 때에는 평등하게 대한다.
- 부하직원을 무시하는 발언을 삼가 하고 고운 말을 사용 한다.
- 사적인 업무지시를 하지 않는다.
- 자신의 일을 떠넘기지 않는다.
- 책임을 회피하지 않는다.

③ 동료직원

- 동료가 어려움에 처했을 때 서로 돕는다.
- 서로 존중하는 말과 태도를 취한다.
- 친한 동료라도 상사나 부하직원 앞에서는 존칭을 사용한다.
- 의견을 존중해야 한다.
- 좋은 일이 있으면 진심으로 기뻐해준다.
- 동료의 아픔을 감싸고 위로해 준다.
- 아무리 친한 사이라도 회사나 상사 욕을 하지않는다.

④ 고객

- 항상 밝은 미소로 고객을 맞이한다.
- 예의 바른 태도가 중요하다
- 억지로 하는 친절은 고객의 기분을 상하게 할 수 있다.
- 항상 고객을 배려하는 마음을 갖는다.
- 고객의 입장에서 생각한다.
- 아무리 바쁘더라도 내색하지 않는다.
- 모든 고객을 공평하게 대한다.

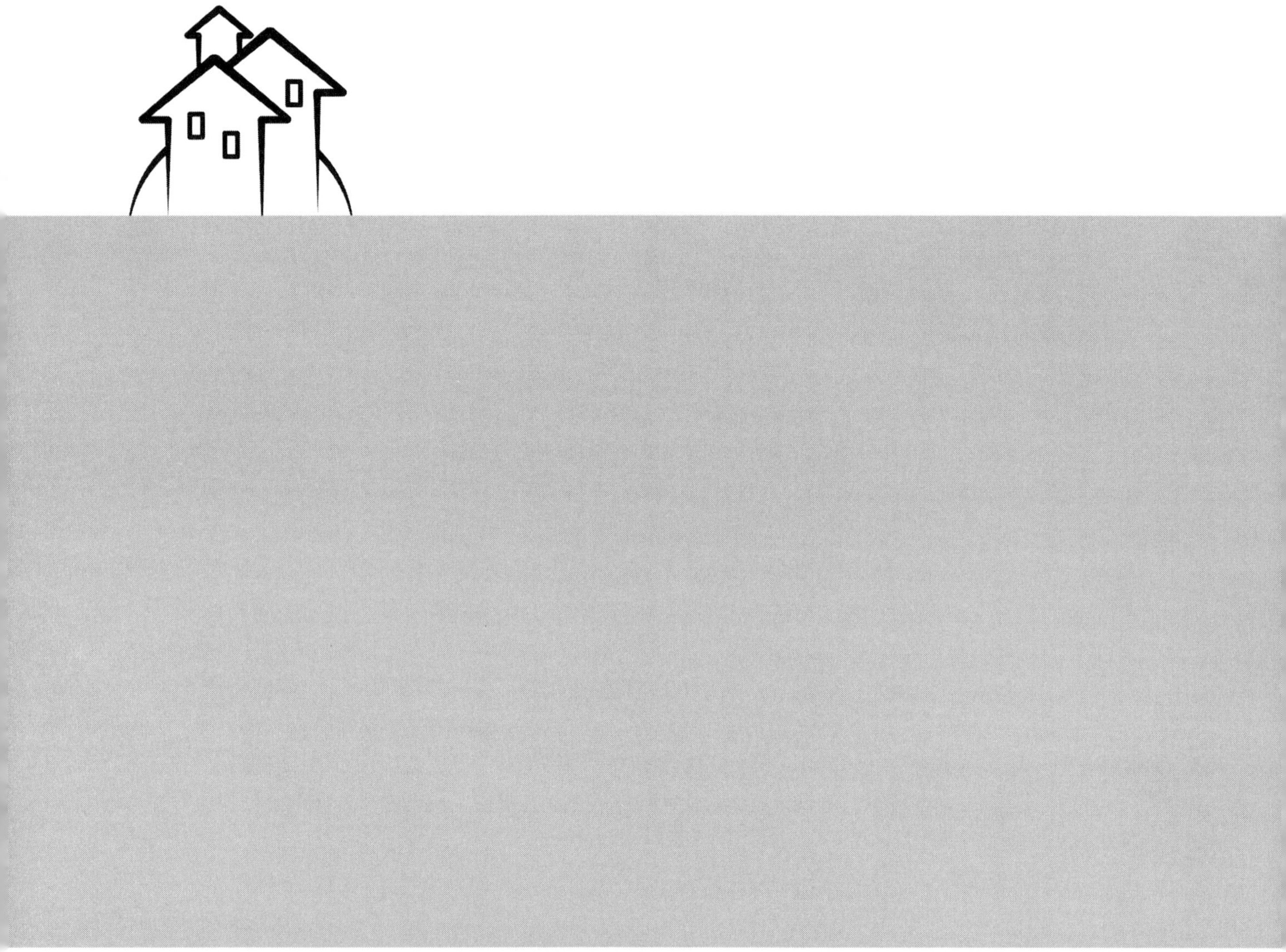

PART 02

글로벌 뷰티 서비스

Ⅱ 헤어와 뷰티분야의 고객관리

Ⅲ 뷰티 살롱 영어 고객응대

Part 02

II 헤어와 뷰티분야의 고객관리

1. 소비자와 고객

소비자와 고객을 같은 의미로 보는 경우가 많다. 생산된 재화나 서비스를 구매한다는 점은 비슷하지만 다른 의미로 사용된다.

소비자(consumers)는 '소진시킨다.'는 의미를 가진 consume(소비)에서 나온 말로 생산된 재화나 서비스를 경제적 대가를 지불하고 구입하는 사람을 의미한다.

생산자의 반대되는 개념으로 일반적인 소비 대상층을 의미하며 재화나 서비스를 구매 할 가능성이 있는 모든 사람을 의미한다.

고객(customer)은 custom이란 단어에서 나온 말로 custom은 관습, 습관, 구입이란 의미로 습관적으로 물건을 구매하는 사람이라는 의미를 가지고 있다. 특정 브랜드의 제품을 실제로 구입하고 기업 경영 활동에 영향을 미치는 개인이나 집단을 의미한다.

① **잠재고객** : 직접 기업의 제품이나 서비스를 구입하지 않았지만 구입가능성이 높은 고객을 의미한다.

② **고객** : 잠재고객이 기업의 제품이나 서비스를 처음 구매한 단계이다.

③ **고정고객** : 첫 고객이 재방문을 하고 그 후로 계속해서 기업의 제품이나 서비스를 이용하는 단계이다. 고정고객일수록 소통하고 고객의 니즈를 만족시킬 수 있도록 노력해야한다. 기업의 입장에서는 고정고객이 많을수록 좋다.

④ **충성고객** : 제품이나 서비스의 지속적 구입을 넘어 다른 사람들에게 적극적으로 홍보를 해주는 단계이다. 잠재고객, 브랜드를 모르는 고객, 브랜드에 대해 부정적인 이미지를 가진 고객으로부터 스스로 보호, 홍보해준다.

이제 고객을 단순하게 브랜드의 제품이나 서비스를 사용 할 공략 목표로 생각해서는 안된다. 고객을 브랜드와 함께 할 동료로 간주하고 진정성 있게 대해야 한다.

소셜 네트워크 서비스(SNS)의 성장은 고객 구매 결정에 있어 변화를 가져왔다.

과거에는 광고매체를 통해 접한 제품 중 개인의 기호에 따라 구매를 결정 했다. 하지만 요즘은 소셜 네트워크 서비스(SNS)를 통해 제품에 대한 많은 후기를 확인하고 먼저 제품을 구매한 사람과 의견을 나누고 제품을 구매한다.

이젠 구매 결정을 함에 있어 광고가 아닌 다른 사람의 의견을 더 반영하고 있다.

이제 과대광고나 엉터리 제품을 만드는 기업, 불친절한 직원, 엉망인 서비스를 제공하는 기업들은 고객에게 신뢰를 잃고 고객은 등을 돌리게 될 것이다. 반대는 좋은 제품, 좋은 서비스를 제공해 고객이 니즈를 만족시킨다면 그 고객들은 스스로 홍보해주고 브랜드에 대해 의심하거나 부정적인 생각을 가진 소비자들에게도 적극적으로 대변해 줄 것이다.

고객은 다나순한 공략 목표가 아니라 적극적 커뮤니케이션 미디어가 되었다.

고정고객을 만들기 위해서는 자신의 샵을 찾아오는 고객의 이름과 특성을 기억하는 것이 좋다. 첫 방문한 고객을 기억해두고 재방문 시 인사를 하면 고객은 자신을 기억하고 있다는 것에 작은 감동을 받는다. 또 고객과 디자이너는 시술을 하는 동안 많은 대화를 나누게 된다.

친구이야기, 가족이야기, 회사이야기 등 개인적인 대화를 많이 하게 되는데 다시 방문했을 때 고객이 전에 나누었던 이야기를 다시 꺼냈을 때 시술자가 기억을 하지 못한다면 실망을 하게된다. 고객의 이름, 특징, 고객의 이야기는 잘 기억해두어야 한다.

또 고객은 기분 좋은 일보다 기분 나쁜 일을 더 강하고 오래 기억하기 때문에 고객의 기분이 상하지 않도록 해야 한다. 평소에 고객에게 좋은 서비스를 제공해주었다 하더라도 고객에게 말이나 행동에 있어서 고객의 기분을 상하게 한다면 고객은 그 일을 더 강하게 기억하고 재방문을 하지 않게 된다. 항상 말과 행동을 조심히 하며 고객의 입장에서 생각하고 진심으로 배려한다면 고객을 잃는 일은 없을 것이다. 고객을 이해하고 배려에서 나오는 행동은 최고의 서비스이며 고객에게 다가서는 방법으로 고객감동의 시작점이다.

직원들의 일할 때 표정, 행동, 말로 직업과 직장에 대한 열정, 마인드를 알 수 있다. 물론 고객들 또한 느끼게 된다. 자기가 하고 있는 일, 맡은 일을 즐거운 마음으로 행하고 고객에게도 진심으로 서비스를 해야 고객은 감동을 받을 수 있다. 그러기 위해서는 많은 노력과 적극적인 자세가 필요하다.

2. 고객응대

1) 고객의 심리

고객은 자기중심적이어서 다른 고객들보다 자신에게 최고의 대접을 해주길 기대한다. 그리고 요구하지 않아도 자신에게 필요한 것을 알아서 제공해주길 바라며 그런 부분에 고객들은 감동을 받는다. 고객의 심리를 정확하게 파악하여 고객감동으로 이어진다면 충성고객을 만들 수 있다.

- 고객은 누구나 환영 받고 싶어 하기 때문에 비록 제품이나 서비스를 구입하지 않더라도 가게를 찾아와 준 것에 대해 감사해하며 밝은 표정으로 맞이해야 한다.
  예를 들어 화장품 가게에 고객이 방문했을 때 구매는 하지 않고 구경만 한다고 인사를 하지 않는다거나 어두운 표정으로 고객을 바라본다면 고객은 그 직원과 가게에 대한 인상이 안좋게 남아 필요한 것이 있더라도 그 가게를 방문하지 않을 것이다. 반대로 직원이 밝은 표정으로 환영해주고 구매 하지 않더라도 친절하게 상담을 해준다면 그 고객은 필요한 것이 생기면 그 가게에 다시 방문하여 구매를 할 것이다.
  고객과의 만남은 언제나 소중하다는 것을 잊지말아야한다.

- 사람은 누구나 우월감을 가지고 있어 자기를 돋보이고 싶어 한다. 과시하고자 하는 고객의 심리를 잘 이용하면 고객의 구매동기를 강화시킬 수 있다. 단점 보다는 장점을 찾아 말하고 긍정적인 말이나 행동을 해야 한다는 것을 명심하자.

- 고객은 자신은 디자이너나 담당자를 독점하고 싶은 심리를 가지고 있다. 고객들은 자신에게만 집중을 해주는 것을 좋아하기 때문에 최근에는 예약제운영, 1:1시술로 운영하는 샵들이 많다. 만약 여러명의 고객을 응대해야 할 경우에는 한 사람에게 치우치지 말고 공평하게 응대를 해야한다.

- 고객은 다른 고객이 받은 서비스와 비교해 작은 것조차 손해를 보지 않으려고 한다. 언제나 좋은 상품과 서비스를 공평하게 제공하는 것이 중요하다.

- 손님을 대할 때는 늘 즐겁다는 마음가짐을 갖고 대해야한다. 항상 즐겁다는 마음으로 일을 하면 얼굴과 목소리, 행도에도 생기가 넘치고 밝다.

- 고객을 응대할 때는 적극적인 자세를 취한다. 고객은 직원의 행동 하나 하나 관찰하여 직원의 생각과 마음을 읽는다. 소극적인 자세나 귀찮다는 듯 하는 행동과 표정, 부정적인 행동들은 고객에게 그대로 전달되어 고객의 기분을 상하게 할 수 있다. 고객을 응대할 때는 항상 즐거운 마음, 고객을 존경하는 마음을 가지고 응대를 해야 한다.

- 사람들은 자신만의 가치기준을 가지고 있기 때문에 서비스는 고객의 마음을 먼저 생각하고 고객의 입장에서 필요한 것이 제공되어야 한다. 손님의 입장에서 무엇이 가장 필요할지를 생각하고 어떻게 하면 더 행복해할지 생각해야한다. 그러면 고객의 만족감을 극대화 시킬 수 있다.

- 아무리 친한 고객이라도 최대한 경어를 사용하고 존중해야한다.

2) 고객응대 자세

- 고객을 응대할 때에는 용모를 단정히 하고 편안한 목소리와 행동을 자연스럽게 한다.

- 고객의 니즈를 정확하게 파악하기 위해 한발 앞서 생각하고 고객과의 만남과 대화에 집중한다.

- 사람들은 다른 사람이 자신을 이해해 주기를 바라며 자신을 특별하게 대우해주고 환영해주길 바란다. 고객의 이런 욕구를 이해하고 서비스 들어가야 한다.

- 항상 고객의 입장에서 고객이 무엇을 필요로 하는가?, 어떤 생각과 느낌을 가지고 있는가?, 서비스에 만족하고 다시 찾아 올 것인가에 대해 피드백을 받고 부족한 부분은 수정하고 만족을 했다면 다음에도 만족을 주기위해 노력한다.

- 항상 말을 조심스럽게 하고 서비스의 내용과 특징을 설명하여 고객이 어떤 서비스를 받게 되는지 알 수 있도록 한다.

- 고객의 재방문이 이루어지지 않는다면 고객에 대한 무관심 때문일 가능성이 크다. 불만이 있는 고객을 만족시킬 때 충성고객이 될 가능성이 크다.
- 불만 고객이 있을 경우, 고객의 불만사항을 집중하여 듣고 불만사항에 대해 정확하게 이해했는지 확인한다. 그리고 가장 중요한 것은 자신의 잘못이 아니라고 생각이 들어도 고객의 입장에서 기분이 상했다면 정중하게 사과하는 것이 맞다.
  고객의 기분을 충분히 이해하도록 노력하고 시정하기 위해 어떤 조치를 취할 것인지 자세하게 설명을 하고 빠르게 처리한다.

※ 불만고객 상담 시 주의사항

고객의 불만사항을 들을 때 절대 미소 짓거나 웃지 않는다.
문제 확인 및 처리 시 고객을 상담실로 안내하고 너무 오래 기다리지 않게 한다.
책임 회피하는 말은 피하고 목소리를 높이지 않는다.
고객의 이야기를 중간에 끊고 자신의 이야기를 하는 행동은 피한다.

3. 고객 서비스 관리

1) 대기관리

살롱에서 서비스를 받기 위해서 고객들은 종종 대기를 해야 한다. 이 때 서비스를 받고자 하는 사람은 많고 시술자가 부족할 시 대기 좌석에 대기자가 많아지고 30분~1시간 기다리는 상황이 생기기도 한다.

서비스를 받기 위해 대기를 하고 있지만 대부분의 고객들은 부정적인 경험으로 인식을 한다.

사람들은 아무 일도 안할 때나 구매 전 줄을 서서 대기할 때 시간이 더 길게 느껴진다.

대기시간이 길어질수록 자신의 시간이 소비가 되고 대기 환경도 나쁘다면 당연히 부정적으로 인식이 될 것이다.

특히나 대기의 원인을 모르고 대기 시간을 모르고 기다리면 더 길게 느껴질 수 있다.

대기관리를 효율적으로 한다면 고객의 만족도를 높일 수 있고 재방문으로 이어질 것이다.

① 예약제 운영

요즘은 샵 홍보물을 보면 100%예약제라는 말을 많이 봤을 것이다. 예약제는 고객의 대기시간을 줄여 시간 낭비를 줄여준다. 또 예약제의 경우 그 시간만큼은 오로지 한 고객에게만 집중 할 수 있기 때문에 서비스의 질도 향상되고 고객만족도 높아진다.

예약제 운영 시, 스케줄이 중복되지 않도록 주의해야 한다.

- **예약 서비스**

- 문자알림서비스

고객 방문 하루 전이나 당일 아침에 예약 날짜와 시간을 알려주는 것이다. 고객의 경우 예약 후 날짜를 잊을 수도 있고 예약시간을 착각할 수도 있다. 예약 문자를 보내주면 예약을 잊어서 오지 못하는 경우를 줄이고 노쇼를 방지할 수 있다.

- 네이버 예약관리

네이버 예약은 샵의 홈페이지, 지도, 블로그, SNS 등 다양한 곳에서 네이버 ID로 편리하게 예약할 수 있는 무료 예약 서비스로 고객은 쉽고 편리하게 예약을 할 수 있다. 또 예약, 결제, 최소 등 고객의 예약상황을 실시간으로 안내해준다. 모바일에서도 쉽게 확인, 관리가 가능하다.

- 카카오 헤어샵

헤어샵의 경우 카카오에서 바로 예약하는 서비스이다. 샵으로 전화해서 시간을 확인하지 않아도 시술 가능한 날짜와 시간을 확인할 수 있고 간편하게 예약할 수 있다. 또 위치, 가격정보, 시술 사진을 볼 수 있다.

카카오 헤어샵 프로그램은 자신의 위치나 원하는 스타일(길이/펌종류/염색 등)을 찾아 예약할 수 있고 미리 가격을 확인하고 결제를 한 후 시술을 받기 때문에 추가 금액에 대한 부담 없이 시술을 받을 수 있다.

또 예약 하루 전과 당일에 카톡으로 안내 메시지를 보내주기 때문에 고객도 시술자도 모두 편하게 해주는 프로그램이다.

- 뷰티샵 전용 포털사이트 또는 애플리케이션

네이버나 카카오처럼 고객이 샵으로 전화해서 가능한 날짜와 시간을 물어보며 조율하지 않아도 프로그램이나 애플리케이션에서 바로 확인하고 예약을 할 수 있다.

네이버나 카카오와의 차이점은 이 두 가지는 예약과 예약 안내 문자만 가능했다면 전용 포털사이트와 애플리케이션은 예약관련뿐만 아니라 고객관리까지가능하다.

② 커뮤니케이션

콜센터에 전화를 하면 "10시~12시까지는 전화가 많아 연결이 어려우니 4시 이 후 전화주시길 바랍니다."라는 안내를 들어본 적 있을 것이다. 고객에게 혼잡한 시간과 여유있는 시간을 알려 고객을 비수기에 유도하기 위한 방법이다.

③ 게임기 또는 컴퓨터 설치

대기 손님 또는 시술 중 잠시 쉬는 타임에 고객들이 즐길 수 있도록 옛날 오락기, 게임기, 뽑기 등을 설치해둔 헤어 샵이 있다. 아무래도 다른 업종보다는 헤어 샵의 경우 대기할 경우가 많은데 기다리는 고객들에게 재미를 제공함으로써 대기시간의 지루함을 덜어줄 수 있다.

④ 도서

어떤 샵을 가면 북카페의 느낌이 날 정도로 한 쪽 벽면에 책으로 가득하다. 잡지나 소설, 만화책 등 다양한 종류의 책들이 준비되어 있다. 고객의 취향에 맞게 골라 보는 재미를 준다.

지루한 대기 시간에 고객에게 재미있는 볼거리를 제공하여 지루함을 덜어준다.

⑤ 셀프 케어 존

고객 대기실에 셀프 손가락 왁싱 재료와 네일 재료를 준비해둔 샵이 많다. 여성은 자신을 꾸미는 것을 좋아하기 때문에 스스로 체험할 수 있는 다양한 체험존을 준비해 둔다면 대기시간이 지루하지 않을 것이다. 특히 요즘 여성들은 왁싱, 셀프왁싱에 관심이 많다. 샵에 셀프 손가락 왁싱이나 네일은 준비해 여성고객이 체험할 수 있는 공간을 만든다면 대기시간에 대한 불만은 사라지고 만족도가 높아질 것이다.

⑥ 인테리어

소셜 네트워크 서비스(SNS)를 보면 많은 사람들이 예쁘게 인테리어 되어있는 식당이나 카페에서 사진을 찍어 올린 피드를 많이 봤을 것이다. 예쁜 공간을 찍거나 그 공간에서 사진을 찍는 것을 좋아한다. 그래서 여성들의 경우 맛보다 인테리어가 예쁜 곳을 찾는 경우도 있다. 손님이 많은 식당의 경우 음식이 40분 이상 걸리는 곳도 있고 대기가 1시간이 되는 곳들도 있다. 그럴 때 사람들은 그 공간에서 사진을 찍으며 시간을 보낸다.

이런 여성의 심리를 이용하는 것이다. 최근에 오픈한 샵을 보면 대기실을 다양한 분위기로 연출한 곳을 볼 수 있다.

샵 분위기 연출에 목적이 있지만 대기실을 예쁘게 꾸며 고객들이 대기하면서 사진을 찍는 등 시간을 보낼 수 있도록 하고 그 사진을 SNS에 올림으로써 홍보효과까지 볼 수 있다.

⑦ 미니 카페

샵 안에 작게 카페를 만들어 놓는 것이다. 고객들이 기다리면서 지루하지 않도록 커피나 먹거리를 제공해 고객들에겐 서비스를 받는다는 느낌을 들게 해줄 수 있다.

4. 서비스 품질 평가-향상 기준

1) 깨끗한 시설, 좋은 분위기, 직원 용모, 의사소통, 장비 등 서비스 평가에 영향을 미치는 외형적 단서들이다.

2) 상담 시 고객에게 약속한 서비스를 정확하게 수행 했는지를 신뢰도를 평가한다. 약속시간을 엄수하였는지, 정확하게 기록, 청구하였는지, 약속된 서비스 수행 등이 포함된다.

3) 고객의 문의나 요구에 고객이 기다리게 하지 않고 즉시 응답하고 빠르게 처리해야 한다. 고객에게 필요한 서비스를 즉각적으로 제공하는지 신속하게 대응해야 한다.

4) 고객들은 제품이나 서비스를 구매하기 전에 충분한 검색으로 서비스에 대해 지식을 습득하고 방문한다. 직원의 어설픈 설명은 고객에게 지식부족의 인식을 줄 수 있다. 모든 직원들은 서비스를 수행하기 위해 필요한 제품 및 서비스에 정확하고 다양한 지식과 기술을 익혀두는 것이 좋다.

5) 고객과 마주했을 때 직원이 얼마나 친절하고 공손한지, 고객을 얼마나 배려하는지를 직원의 태도를 평가한다. 고객과의 만남에서 직원은 늘 정중한 태도를 보여야한다.

6) 고객이 서비스 제공자를 얼마나 신뢰할 수 있는지, 믿을 수 있는지를 직원의 신용도를 평가하는 종목이다.

7) 물리적, 금전적, 신체적으로부터 안전한지, 비밀이 보장되는지 등 위험과 의심으로부터 안전한지를 평가한다.

8) 아무리 좋은 서비스라 할지라도 거리가 멀고 위치가 찾아가기 힘든 곳이라면 방문하기 힘들어진다. 고객은 샵의 서비스를 평가할 때 접근가능성과 용이성을 따져보고 예약시스템이 있는지, 대기 장소가 마련되어 있는지 등 평의성을 평가한다.

9) 서비스업에서 중요한 것은 고객과의 소통이다. 항상 고객의 말과 요구에 경청하는 자세가 필요하며 수행할 서비스와 비용에 대해 정확한 설명해주어야 한다.

10) 직원들은 항상 고객이 원하는 것을 정확하게 파악하고 고객이 진정으로 요구하는 사항을 알려고 노력해야하며 고객의 입장에서 이해하여야 한다.

5. 서비스 품질 개선

1) 서비스 품질 평가 요인 파악하기.

서비스 품질을 개선하기 위해서는 서비스를 평가하는데 영향을 미치는 요소를 파악해야한다. 아무것도 모르는 상황에서 개선을 위해서 노력하는 것은 의미 없다. 정확히 고객들이 원하는 부분을 파악해서 개선을 해야 높은 효과를 낼 수 있다.

2) 지속적으로 가능한 서비스 제공

경쟁, 새로운 고객 확보를 위하여 과대약속을 하는 경우가 있다. 무리한 서비스는 서비스 제공자에게 부담이 되며 고객의 입장에서는 다음 서비스에 대한 큰 기대가 생긴다.

지킬 수 없거나 유지하기 힘든 과대약속보다는 꾸준히 줄 수 있는 서비스를 제공하는 것이 좋은 기업 이미지를 만드는데 도움이 된다.

3) 고품질 서비스를 위한 교육훈련

서비스 품질 개선사항들을 파악하고 제공하고자 하는 서비스의 수준을 정하였다면 서비스 품질 목표에 따른 직원 교육 프로그램을 만들어 꾸준한 교육을 통해 종업원의 기술과 지식수준을 높여준다.

4) 서비스 과정 안내

고객에게 서비스 이용에 적절한 시기와 방법, 서비스 진행 과정을 설명해 주거나 서비스를 고객이 직접 수행할 수 있도록 하여 고객의 서비스에 대한 지식을 높여준다. 수행할 서비스에 대해 어느 정도 지식이 있는 고객이라면 이 과정을 통해 더 좋은 의사결정을 할 수 있도록 도와주는 계기가 될 것이며, 고객만족 증대 효과를 가져 온다.

5) 고품질 서비스 유지를 위한 품질문화 정착

서비스 수준은 어떻게 관리하느냐에 따라 유지되기도 하고 다시 낮아지기도 한다. 살롱에서는 높은 서비스 품질을 유지시키기 위해 서비스에 적합한 지원 채용 및 직원 교육을 통해 지속적으로 질 높은 서비스를 제공할 수 있도록 노력해야 한다.

6) 이미지 향상을 위한 노력

사람과 같이 샵에도 첫인상이 존재하며 고객에게 한번 인식된 이미지는 쉽게 변하지 않는다. 그렇기 때문에 고품질 서비스 살롱이라는 이미지를 심어주기 위해서는 신용과 이미지가 중요하다. 살롱 마케팅 시작 전 살롱 concept을 잘 정해보자.

7) 고객기대의 변화

고객의 서비스 기대수준은 시간과 상황에 따라서 변화한다. 갈수록 고객의 서비스에 대한 지식수준은 높아지고 있고 고객의 수준과 관점의 변화에 따라 고객 기대도 변화한다. 살롱의 직원들은 고객기대의 변화에 맞춰 서비스의 품질도 계속해서 변화시켜 나가야한다.

기업들은 고객의 기대변화를 조사하고 고객이 기대하는 수준의 서비스를 지속적으로 제공해야 한다. 서비스를 제공하는 동안 고객과 소통하며 고객의 기대를 충족시킬 수 있는 서비스를 제공할 수 있도록 최대한 노력한다. 그리고 서비스가 제공 된 후 고객 기대가 어느정도 충족되었는지 알아보며 만약 고객의 기대가 충족되었다면 꾸준한 관리를 통해 지속적으로 서비스가 제공 될 수 있도록 하고 만약 충족되지 못했다면 서비스 개선을 위한 방안을 물색하고 직원교육을 진행한다.

Part 02

III 뷰티 살롱 영어 고객응대

1. 인체의 명칭

1) 얼굴과 인체

얼굴의 명칭

Hair **머리카락**
Cheek **볼**
Forehead **이마**
Ear **귀**
Nostril **콧구멍**
Lip **입술**
Eye **눈**
Chin **턱**
Eyebrow **눈썹**
Nose **코**
Mouth **입**

인체의 명칭

Abdominal **배**
Brachial **위팔**
Carpal **손목**
Pedal **발**
Gluteal **엉덩이**
Plantar **발바닥**
Axillary **겨드랑이**
Antebrachial **아래팔**
Patellar **무릎**
Lumbar **허리**
Digital **손가락**

2) 피부구조의 명칭

Epidermis **표피**

- Stratum corneum **각질층**
- Stratum lucidum **투명층**
- Stratum gramulosum **과립층**
- Stratum spinosum **가시층**
- Stratum basale **바닥층**

Dermis or corium **진피**

그 외

- Subcutaneous fascia hypodermis **피하근막(피부밑 조직)**
- Sensory receptor **감각수용기**
- Adipose tissue **지방조직**
- Nerve **신경**
- Vein **정맥**
- Artery **동맥**

3) 네일 명칭

Nail body **손·발톱몸통**
Lunula **손·발톱반달**
Nail bed **손·발톱바닥**
Cuticle **손·발톱껍질**

2. 직업별 명칭

Hair desingner Stylist **헤어디자이너**	Make-up artist **메이크업담당자**
Esthetician **피부관리사**	Manicurist **네일관리사**
Waxer **왁싱사**	Eyelash designer **속눈썹연장전문가**

3. 샵 구성원 명칭

Owner **원장**	Vice president **부원장**
Manager **매니저**	Designer **디자이너**
Assistant **스태프, 보조**	Cashier **계산원**

4. 다양한 인사법

Good moring.	안녕하십니까? (아침부터 오전까지)
Good afternoon.	안녕하십니까? (정오부터 5시까지)
Good evening.	안녕하십니까? (5시 이후)
Hello!	안녕!
Hi, How are you?	안녕, 잘지냈어요?
Welcome to 000 salon	어서오십시오, 000살롱입니다.
How are you today?	잘 지냈어요?
Good, thanks.	좋아요. 고마워요
Great, you?	좋아요. 당신은요?
Very well, thanks.	매우좋아요. 고마워요.
I'm fine. thank you.	좋아요 고마워요.
Not bad, thanks.	그런대로요
I'm ok.	괜찮아요.

5. 전화응대

I'd like to make an appointment	예약하고 싶어요.
Thank you very much. For when?	감사합니다. 언제로 해드릴까요?.
I'd like to schedule an appointment for this Saturday moring.	이번주 토요일 아침으로 예약하고 싶어요.
Sure. Who's your beautician?	그러세요. 담당 선생님이 누구세요?
Mr.seo.	서 선생님인데요.
That's fine. May I have your name?	그러죠. 성함이 어떻게 되세요?
This is Mrs. Jolly.	저는 졸리 부인입니다.

case 1) 바꿔줄 때

One moment, please. / Just a moment, please. / Hold on, please.
잠시만 기다려주세요.

I'll get someone who can speak English well.
영어를 할 줄 아는 누군가를 바꿔드리겠습니다.

Can you hold, please?
잠시만 기다려주시겠습니까?

case 2) 잘못 걸었을 때

You've got the wrong number.
전화를 잘못 거신 것 같습니다.

Where are you calling to?
어디로 전화하신건가요?

case 3) 용건을 물을 때

(How) may I help you? / (How) Can I help you?
무엇을 도와드릴까요?

Who's calling please? / Who's on the phone now?
전화하신 분은 누구세요?

I'm sorry, I can't hear you well.
죄송합니다, 잘 안들리네요.

case 4) 바꿔줄 상대가 부재 중일 때

I'm sorry, but he's not here now.
죄송합니다, 그는 지금 계신지 않습니다.

He's at the meeting.
지금은 회의중이세요.

He has a visitor.
그는 손님과 같이 계십니다.

I think he went to the restroom now. He'll be back soon
화장실에 잠시 가신 것 같습니다. 곧 돌아올 것 같습니다.

She's just stepped out.
○○은 방금 나가셨습니다.

She's out sick today.
○○은 오늘 아파서 갔습니다.

She's on the other line.
그녀는 지금 통화중입니다.

She is very busy. Could you call back ten minutes later?
그녀는 지금 매우 바쁩니다. 10분 후에 다시 전화해주시겠습니까?

case 5) 메시지를 받을 때

May I take a message?
메세지를 남겨드릴까요?

Would you like to leave a message?
메세지를 남겨드릴까요?

Can you spell your name please?
성함을 말해주시겠습니까?

I'll tell him that you called.
전화 왔었다고 말씀드리겠습니다.

6. 전화를 건 손님이 할 수 있는 말

case 1) 부재 중인 상대에게 메시지를 남길 때

Can I leave a message?
메시지를 남겨주실 수 있나요?

Please tell her to call me back.
그녀가 오면 내게 전화해달라고 전해주세요.

Please tell her that Mr. Kim called.
그녀가 돌아오면 김씨에게서 전화왔다고 전해주세요.

I'll call back in 15 minutes.
15분 후에 제가 다시 전화드리겠습니다.

Please let him call me back as soon as possible.
돌아오는대로 바로 전화 달라고 말해주세요.

Pleast have her return my call at 1567-8902.
그녀에게 1567-8902로 전화해달라고 말씀 좀 드려주세요.

case 2) 전화를 다시 걸겠다고 할 때

Could you tell her I'll call back this evening?
저녁에 다시 전화주겠다고 전해주실래요?

Could you tell him I'll get back to him later?
그에게 내가 다시 전화주겠다고 전해주실래요?

Would you tell him I'll call back in an hour?
내가 한 시간 내로 다시 전화하겠다고 전해주시겠어요?

Please tell him I'll try again after lunch.
점심시간 후에 다시 전화주겠다고 그에게 말해주세요.

That's OK, I'll call you back.
괜찮아요, 다시 전화드릴께요.

case 3) 상대가 돌아오는 시간을 물을 때

When will he be back?
언제쯤 그가 돌아오시나요?

Do you know when her will be back?
그녀가 언제쯤 들어오시는 건가요?

When can I get in touch with her?
언제 다시 전화 드리면 그녀가 있을까요?

What time is her coming back?
언제 다시 전화 드리면 그녀가 있을까요?

case 4)

What time do you open? 몇 시쯤에 오픈하나요?	We open at 9(o'clock). 9시에 문을 엽니다.

case5)

What time do you close? 몇 시에 닫나요?	We close at 7(o'clock) 7시에 닫습니다. We are open from 10 a.m until 7 p.m 저희 영업시간은 오전 10시부터 오후 7시까지입니다.
What day are you closed? 무슨 요일에 닫나요?	We are closed on Tuesday. 화요일에 쉽니다. Every frist and third Monday of the month, we are closed. 매주 첫째, 셋째 월요일은 정기 휴무일입니다. We are open all the year round. 저희 미용실은 연중무휴입니다. We are open twenty four hours a day. 저희 미용실은 24시간 운영하고 있습니다.
How late are you open? 언제까지 하나요?	We are open until 9, but our last appointment is at 7. 9시까지 열고있는데, 예약은 7시까지입니다.

Day 요일

Monday **월요일**	Tuesday **화요일**	Wednesday **수요일**	Thursday **목요일**
Friday **금요일**	Saturday **토요일**	Sunday **일요일**	

Month 달

January **1월**	Feburary **2월**	March **3월**	April **4월**
May **5월**	June **6월**	July **7월**	August **8월**
September **9월**	October **10월**	November **11월**	December **12월**

Season 계절

Spring **봄**	Summer **여름**	Fall **가을**	Winter **겨울**

년도 읽는방법

1999 ⇒ nineteen ninety-nine
1845 ⇒ eighteen forty-five
2007 ⇒ two thousand seven

년/월일 표기 방법

1970년 2월 27일은 다음과 같이 표기할 수 있습니다.

① Feburary 27, 1970 (27 Feburary, 1970)
② Feburary 27th, 1970 (27th Feburary, 1970)
③ Feb. 27, 1970 (27 Feb. 1970)
④ 02/27/1970 (영국: 27/02/1970)
⑤ 02-27-1970

시간 읽기

12:00 twelve(o'clock)
2:10 two ten = ten past two = ten after two
3:15 three fitteen = quarter past three = quarter after three
4:30 four thirty = half past four = half after four
5:45 five fourty-five = quarter to six = quarter before six
6:55 six fifty-five = five to seven = five before seven

7. 프론트에서

cut 커트	blow-dry 드라이
perm 퍼머	hair manicure 메니큐어
treatment 케어	trim 다듬다
hair color 염색	straighten 펴다
make-up 메이크업	skin care 피부관리
eyelash 속눈썹연장	semi-pernanent 반영구화장
nail-art 네일	waxing 왁싱

What can we do for you today? I'd like to get a perm.	무엇을 도와드릴까요? 펌하러 왔습니다.
Is this your first time here? No, I have been here before.	처음 오신건가요? 아뇨, 저번에 온 적 있습니다.

오늘 어떤 것을 하시겠습니까?

What can we do for you?
How can we help you today?
How would you like your hair done today?

머리를 ~이렇게 하고 싶습니다.

I'd like my hair	cut permed colored manicured straightened	please.
	put up for	a reception a graduation ceremony. a date.

담당 디자이너 물어보기

Do you have your stylist? **담당 디자이너가 누구입니까?**	Yes, Jane is my stylist. **네, 제인이 저의 담당 디자이너에요.**
Do you want any particular stylist? **특별히 원하는 디자이너가 있나요?**	No one in particular, but I'd like someone who is good at cutting. **커트를 잘하는 사람이면 아무나 괜찮습니다.**

8. 대기 및 안내

Would you mind waiting?	잠시만 기다려주실래요?
No, that's ok, How long will it be?	그래요. 얼마나 걸리죠?
It will be about 10 minutes.	10분정도 걸립니다.
OK. I will wait.	알겠어요. 기다릴게요.
I'm sorry. I think It will be more than 30 minutes.	죄송한데, 30분 넘게 기다려야 될 것같습니다.
Oh, really? Then I will come back later again.	아, 그럼 나중에 다시 올게요.

Would you come this way please?	이쪽으로 오실까요?
Follow me, please.	저를 따라오세요.
Please take a seat. Sit down, please.	이쪽으로 와서 앉으세요.

Would you like something to drink?	음료 어떤걸로 준비해드릴까요?
Yes, thanks. What do you have?	네, 감사합니다. 어떤 것이 있나요?
We have Coffee, Green tea, Ice tea, lemon tea, and orange juice.	저희는 커피와 녹차, 아이스티, 레몬차, 오렌지 주스가 있습니다.
I will have green tea, please.	저는 녹차로 할게요.

coffee 커피	snacks 과자	magazine 잡지
green tea 녹차	soft drink 청량 음료	newspaper 신문
ice water 얼음물	cold drink 찬 음료	ice coffee 냉커피
hot drink 따뜻한 음료	cookies 쿠키	toast 토스트

Would you like something to drink? / Can I get you a drink?
음료를 어떤걸로 드릴까요?
Would you like something to read?
읽을 것 드릴까요?
Would you like something to eat?
먹을 것을 드릴까요?

Would you like some coffee?	커피 마실래요?
Yes, please.	네.

Would you lke something cold(hot) to drink?	시원한(따뜻한) 음료 좀 드릴까요?
No, thank you. Just water, please.	아뇨, 괜찮아요. 물 좀 주세요.
Just a second, please.	잠시만 기다려주세요.
Here you are.	여기 있습니다.
Thank you for waiting.	기다려주셔서 감사드립니다.
I'm sorry to kept you waiting.	기다리게 해서 죄송합니다.

How do you like your coffee?

Just black, please. 블랙으로 주세요.
No sugar, please. 설탕을 빼주세요.
No cream, please. 프림을 빼주세요.
I will take it with sugar and cream. 설탕, 프림 다 넣어주세요.

Thank you for.... "감사합니다."라는 감사의 기본적인 표현
(thanks : 고마워 vs thank you 고맙습니다.(느낌의 차이에 주의)

Thank you for everything. 모든 것들이 고맙습니다.
Thank you for your help. 당신의 도움에 감사드립니다.
Thank you for your advice. 충고를 해주셔서 고맙습니다.

9. 소지품 보관

May I help your coat and bag? Yes, Thanks	가방과 코드를 보관해 드릴까요? 네, 감사합니다.
Is there anything you want from the bag? No, let me get my cell-phone.	가방에서 꺼낼 물건은 없으신가요? 아뇨, 핸드폰을 꺼낼게요.

Jacket 외투	cell-phone 핸드폰	locker key 사물함 열쇠
bag 가방	purse 지갑	coat 코트
belongings 소지품	scarf 목도리	valuables : 귀중품

May I hang your coat?
코트 걸어드릴까요?

We can keep your belongings.
손님의 소지품을 우리가 보관할 수 있습니다.

Here is your locker key.
여기 사물함 키 있습니다.

May I have your locker key, please?
사물함 키 주시겠습니까?

Is this your coat(bag)?
당신의 코트(가방) 입니까?

please make sure you have everything.
짐을 확인해보세요.

Here are your belongings.
소지품 여기 있습니다.

10. 소개하기

My name is Greta, I'll be your stylist today. Nice to meet you.	저의 이름은 그레타입니다. 오늘 고객님의 스타일리스트입니다. 만나서 반가워요.
I'm happy to meet you. too	저도 만나서 반가워요.
May I ask your name?	고객님 성함이 어떻게 되나요?
My name is Dan.	댄입니다.

I will do your hair today.
오늘 제가 담당 헤어디자이너입니다.

I will help you today.
오늘 제가 고객님을 도와드릴 것입니다.

I'm your stylist mark, and he is my assistant kevin.
저는 스타일리스트 마크이고, 그는 제 스태프 케빈입니다.

A : May I have your name please?
이름이 뭐에요?
B : My name is Hong.
제 이름은 홍입니다.
A : How do you spell your name?
성함 스펠링이 어떻게 되세요?
B : It's H-O-N-G.
H,O,N,G입니다.

A : May I have your phone number?
전화번호가 어떻게 되세요?
B : It's zero five five (pause) three one one (pause) double seven four six.
전화번호는 055-311-7746입니다.

A : What's your address?
주소가 어떻게 되나요?
B : It's Seoul-si Kangnam-gu Nonhyun-dong 110-4.
서울시 강남구 논현동 110-4입니다.

11. 가격문의 및 안내

How much is a haircut? It's 35,000won.	커트는 얼마정도인가요? 35,000원입니다.
Does that price include blow-dry? Yes, the price of a cut includes a shampoo and blow-dry.	드라이도 포함되어있는 건가요? 네, 커트가격에 샴푸와 드라이까지 포함입니다.

◎ 숫자 읽기

영어로 돈 계산을 하거나 숫자를 말하기 위해 영어를 숫자로 읽는 것부터 연습해 봅시다.

one	1	ten	10	twenty	20
two	2	eleven	11	twenty-one	21
three	3	twelve	12	twenty-two	22
four	4	thirteen	13	twenty-three	23
five	5	fourteen	14	twenty-four	24
six	6	fifteen	15	twenty-five	25
seven	7	sixteen	16	twenty-six	26
eight	8	seventeen	17	twenty_seven	27
nine	9	eighteen	18	twenty-eight	28
		nineteen	19	twenty-nine	29

thirty	30	ninety	90
...	...	ninety-one	91
forty	40	ninety-two	92
...	...	ninety-three	93
fifty	50	ninety-four	94
...	...	ninety-five	95
sixty	60	ninety-six	96
...	...	ninety-seven	97
seventy...	70...	ninety-eight	98
eighty...	80...	ninety-nine	99

100(백) : a/one hundred (0이 두 개)
1,000(천) : a/one thousand (0이 세 개)
10,000(만) : ten thousand (0이 네 개, 쉼표를 기준으로 끊어 읽음)
100,000(십만) : a/one hundred thousand (0이 5개, 쉼표를 기준으로 끊어 읽음)
1,000,000(백만) : a/one million (0이 6개, 백만을 기본으로 새로 시작)

---

345 won : three hundred forty-five won
1,000 won : one thousand won
2,300 won : two thousand and three hundred won
7,500 won : seven thousand five hundred won
10,000 won : ten thousand won
15,000 won : fifteen thousand won
18,000 won : eighteen thousand won
20,000 won : twenty thousand won
100,000 won : one hundred thousand won
300,000 won : three hundred thousand won

How much is a perm? 퍼머는 얼마입니까?	It's 70,000 won 7만 원입니다. It's starts from 70,000 won. 7만 원부터입니다. The price of a perm ranges from 70,000 won to 140,000 won. 7만원부터 14만원 까지 있습니다.
Does that price include a shampoo? 샴푸가 포함된 가격입니까?	Yes, the price incldes a shmpoo. 네, 샴푸가 포함된 가격입니다. No, a shampoo is 7,000 won extra. 아뇨, 샴푸는 따로 7,000원입니다.
How much is for a cut and coloring? (커트하고 염색하면 얼마인가요?)	A cut is 12,000 won and coloring is 70,000 won. 커트는 12,000원이고 염색은 7만원입니다. So, It will be 82,000 won. 다해서 82,000원입니다.

12. 업종별 실전 영어 연습하기.

1) 헤어샵

Manager : Thanks for visiting 00's hair Salon.
찾아주셔서 감사합니다. 00미용실입니다.
What type of perm wave?
어떤 펌을 하실건가요?

Client : Setting perm wave.
세팅 펌이요.

Manager : Sure. Do you haver a hair beautician?
네. 담당하시는분 계신가요?)

Client : No, I don't.
아뇨, 없어요.

Manager : I'll set you up with Sharone. she'll take good care of you.
제가 샤론선생님으로 해드리겠습니다. 잘해 드릴거예요.
Please wait a moment.
잠시만 기다려주세요)

Beautician : Hi, I am a hair assistant, jack.
안녕하세요, 저는 샴푸 도우미 잭입니다.

Client : Nice to meet you, jack.
만나서 반가워요, 잭.)

Beautician : pleased to meet you, Mrs,seo.
서여사님, 반가워요
Would you come with me to the shampoo room?
샴푸실로 갈까요?

Client : Sure.
예

Beautician : Please have a seat here. Could you lie on your back slowly? Are you comfortable here?
여기 앉아주세요. 뒤로 천천히 누워주실래요? 편안하세요?
How is the temperature of the water?
물 온도는 적당한가요?)

Client : Good, thanks.
좋아요, 감사합니다.

Beautician : I'll apply a shampoo solution. Close your eyes. Is everything okay?
이제 샴푸 용액을 바르겠습니다. 눈을 감으세요. 괜찮으세요?

Client : Sure.

네.

Beautician : It's done. I'll dry your hair on this towel.
끝났습니다. 수건으로 머리 말려드릴게요.
Thank you for your patience.
머리 감으신다고 고생했습니다.

Beautician : Hi, stylist Sharone.
안녕하세요, 샤론선생님입니다.
What type of perm wave would you like to try today?
오늘 어떤 스타일의 펌을 하고 싶은건가요?

Client : Can you give me a loose and natural wave?
굵고 자연스러운 웨이브를 해보고싶은데 가능한가요?

Beautician : Of course. When was the last time you had a perm wave?
물론이죠, 마지막으로 파마는 언제쯤 하셨나요?

Client : Three months ago.
세달 전이에요.

Beautician : I will give you a perm wave after the treatment.
머릿결 관리를 한 다음에 파마 시술을 들어갈게요.

Client : How long docs it take?
시간은 얼마나 걸릴까요?

Beautician : About three hours. Is it fine?
세시간 정도 걸립니다. 괜찮나요?

Client : Yes.
괜찮아요.

Beautician : I will start your treatment now.
이제 클리닉을 시작하겠습니다.
I will use a steamer. Is that alright?
스티머를 이용하겠습니다. 괜찮나요?

Client : Yes.
네.

Beautician : Feel free to tell me if you need anything else.
필요한 것이 있으면 저에게 말씀해주세요.

Client : Yes, Thanks.
네, 감사합니다.

2) 피부샵

Esthetician : Beauty salon. This is eye&Beauty. May I help you?
뷰티살롱의 아이앤뷰티입니다. 무엇을 도와드릴까요?

Client : Hello, what kind of treatments do you offer?
안녕하세요, 어떤 종류의 프로그램이 있나요?

Esthetician : We have two options. The 90minute facial consists of the basic treatment plus a scalp, hand and arm, and foot massage, It costs 100,000 Won. The 60 minute facial is a basic treatment that costs 80,000 Won. This treatment consists of two masks and a facial massage.
우리는 두가지 프로그램이 있습니다. 90분에 해당하는 피부관리는 기본적인 관리에 두피,손과팔 그리고 발 마사지가 추가로 이루어집니다. 가격은 10,000원입니다. 60분 피부관리는 8만원으로 기본적인 관리만 하고 있습니다. 이 관리는 두가지 종류의 마스크와 얼굴 마사지로 이루어져 있습니다.

Client : I'll have the 90minute facial care.
90분 피부관리로 할게요.

Esthetician : Let me brief you on your 90 minute facial treatment. Processes are as follows; cleaning, skin analysis, decollete massage, first mask, extraction, relaxing massage, second massage, finishing touch.
90분 피부관리 서비스에 간단하게 소개드릴께요. 관리진행은 클렌징, 피부분석 데콜테 마사지, 첫 번째 마스크, 추출(과잉피지 및 여드름 제거), 릴렉싱 마사지, 두 번째 마스크, 마무리순으로 구성되어 있습니다.

Client : perfect!
좋은데요!

Esthetician : Please, take off any jewelry you may be wearing; rings, bracelets, earrings, watches and necklaces. And place them in this box.
이제, 착용하고 있는 쥬얼리(반지,팔찌,귀걸이,목걸이,시계)를 빼주십시오.. 그리고 보석과 귀중품은 보관함 속에 넣어주십시오.)

Client : Ok, thank you!
네. 감사합니다.

Esthetician : Please change into this gown and let me know when you're ready.
이 가운으로 갈아입으시고, 준비가 다되면 말씀해주세요.

Client : I'm ready.
준비됐습니다.

Esthetician : lie down on the bed with your head on this side.
머리를 이쪽으로 하고 누워주세요.

Client : OK!
알겠습니다!

Esthetician : I am going to cover your body with this sheet.

이제 시트로 몸을 덮어드릴께요.
I'm going to clean your face with a cream cleanser.
크림 타입 클렌저를 이용하여 얼굴 화장을 지워드릴게요.

Esthetician : Let me give you a massage before applying your first mask.
첫번째 마스크를 하기전에 마사지 해드리겠습니다.
This massage stimulates your blood and lymph circulation.
이 마사지는 혈액과 림프순환을 촉진해드립니다.

Client : Ok!
예!

Esthetician : I have finished the lymph massage.
림프 마사지가 끝났습니다.
The next step is applying the first mask with steam.
다음 단계는 스팀을 이용한 마스크입니다.
Now I'll turn the steamer on.
지금 스티머를 켰습니다.
So can you feel the steam on your face?
고객님 얼굴에 스팀이 느껴지십니까?

Client : Yes, I can
네, 느껴집니다.

Esthetician : The next step is relaxing massage.
안정과 휴식을 주는 마사지입니다.
I'll use massage oil, it helps calm you down.
평온함을 느끼게 도와주는 마사지 오일 사용하도록 하겠습니다.
Well, I finished the relaxing massage
자, 마사지가 끝났습니다.
I will apply your second mask, the benefits include: tighter skin, increased hydration and better nourishment.
두번째 마스크를 도포할텐데, 마스크는 탄력있는 피부를 만들고 수분과 영양분을 공급해줘서 피부를 진정시켜주는 효과입니다.
Well, it's time to remove your second mask.
두 번째 마스크를 제거하겠습니다.
With this, I have finished the facial procedure.
(얼굴 관리가 다되었습니다.
Did you enjoy the service?
서비스는 괜찮았나요?

Client : Yes, I did. Thank you. I feel refreshed.
네 감사합니다. 상쾌하네요.

Esthetician : We have completed all of the facial procedures.
얼굴관리가 모두 끝났습니다.
Please close your eyes, Let me spray the toner again.
눈을 감아주시면, 토너를 뿌려드리겠습니다.

3) 메이크업 샵

Manager : Welcome!
어서오세요!
I'm Rooney the manager. What can we do for you?
저는 매니저 루니입니다. 어떤 걸 도와드릴까요?

Client : What kind of make-ups do you offer?
이곳은 어떤 종류의 메이크업이 있나요?

Manager : We haver a variety of T.P.O. make -up such as Beauty Make-up, Photo Make-up and Stage Make-up.
T.P.O 메이크업 중 뷰티 메이크업, 포토 메이크업, 웨딩 메이크업과 무대 메이크업 등 다양한 메이크업을 받으실 수 있습니다.)

Client : I got the skin care service 3 days ago, and now I'm here for my wedding make-up.
3일전에 피부관리를 받았고, 지금은 웨딩 메이크업을 하러 왔습니다.

Manager : Yes, I remember. John will be designing your hair and make-up. I'll show you the way. Please come this way.
네, 기억하고 있습니다. 존 디자이너와 예약 돼 있으신 거죠? 이쪽으로 오시면 안내해 드릴게요.

Make-up artist : Hello, Miss Lee
안녕하세요, 이!

Client : Hi. I washed my face and hair at home.
안녕하세요. 집에서 얼굴과 머리를 씻고 왔어요.

Make-up artist : Did you wear basic Make-up?
기초 화장품은 바르셨나요?

Client : I used skin toner and lotion after washing my face as you told me last time. Is it all right?
지난 번에 말씀하신대로 세안 후 스킨과 로션만 발랐어요. 괜찮나요?

Make-up artist : Yes, I fine. Please have a seat here.
예, 괜찮아요. 여기에 앉으셔도 됩니다.

Client : What do you plan to do?
어떤 메이크업을 하실 거에요?

Make-up artist : I'll use nude tone make-up to produce a clean and healthy face. I'll be using a clear and transparent base, a voiding dull heavy make-up
누드톤 제품이 깨끗하고 건강한 얼굴을 연출해줍니다.

진하고 무거운 화장을 피하고, 맑고 투명한 베이스로 할 것입니다.

Client : All right. Let's start then.
네 알겠습니다. 예쁘게 해주세요.

Make-up artist : Now, what do you think of your eye shadow color? Do you like it?
지금, 아이섀도 컬러는 어떤가요? 마음에 드세요?

Client : Yes. I like it. It's not done yet, right?
네 괜찮아요. 이게 끝난거 아니죠?

Make-up artist : Yes, you can check it again when the eyeliner and mascara are finished.
네, 아이라이너와 속눈썹, 그리고 마스카라까지 다하고 완성하면 다시 보실 수 있습니다.

Client : All right.
알겠습니다.

Make-up artist : Now your eye make-up's done. What do you think?
방금 아이 메이크업이 완성 되었습니다. 어떤가요?)

Client : I like it.
마음에 들어요.

Make-up artist : This is my choice for your lip color. What do you think?
입술 색상으로 이 컬러로 선택했습니다. 어떠신가요?

Client : I like it.
네, 좋아요.

Make-up artist : Now it's time to do the cheek and overall highlight. Is there any part you want me to take care of?
이제 전체적으로 하이라이트 강조를 할 것입니다. 특별히 주문하고 싶은 곳이 있으신가요?

Client : Yes. I'm a bit worried about my square chin.
네. 제가 턱이 각이 져서 신경 쓰입니다.

Make-up artist : Now it's completed. Is there any part you want to improve or don't like?
완성 되었습니다. 어디 보안을 원하거나 마음에 안드는 부분이 있으신가요?

Client : No, it's very nice. I'm satisfied. Thank you.
아뇨, 매우 좋습니다. 저는 만족해요 감사합니다.

4) 네일 샵

Manager : Welcome.
안녕하세요.
Welcome to I&beauty Salon. I'm seo, the manager.
What can I do for you?
아이앤뷰티에 오신 것을 환영합니다. 저는 매니저 서입니다.
무엇을 도와드릴까요?)

Client : I'd like to get detailed information on your nail services.
네일에 대한 여러 가지 자세한 정보를 얻고 싶습니다.

Manager : All right. Please have a seat. Have you ever had you nails serviced?
알겠습니다. 이쪽으로 앉으세요. 혹시 네일을 받아 본적 있으신가요?

Client : Yes, I want a wet manicure.
네, 저는 습식 매니큐어를 받고 싶습니다.

Manager : Okay, you can get it today. Do you mind waiting about 5 minutes?
알겠습니다. 5분정도 기다리시면 할 수 있는데 괜찮으세요?

Client : How much does it cost here?
네, 여기는 얼마인가요?

Manager : costs 30,000won.
30,000원입니다.
Thank you for waiting. Come with me please.
기다려주셔서 감사합니다. 저를 따라오세요.

Nail artist : hello, ms. Im. I'm Lee. Nice to meet you.
안녕하세요. 고객님. 저는 이입니다. 만나서 반갑습니다.

Client : Hi, Nice to meet you, too.
안녕하세요. 반가워요.

Nail artist : Please give me your left hand and tell me if you feel uncomfortable with anything
왼손만 제게 주시고 불편한 것이 있으면 뭐든지 말씀하세요.

Client : My hands are messy after taking care of a big event.
Is it all right?
큰 행사를 하고와서 제 손이 더러워요. 괜찮으세요?)

Nail artist : Yes, no problem.
네, 문제없습니다.

Nail artist : Today we are going to apply a hot wet compress and give you a hand massage to relieve your hand fatigue.

오늘은 뜨거운 스팀 타월을 해서 손의 피로를 풀어 주는 손 마사지를 할 겁니다. 그리고 네일을 보호해주는 기초습식 매니큐어를 할 것입니다.

Nail artist : We start with old polish removal.
먼저 폴리시 제거부터 시작할게요.
How do you want me to shape your nails?
손톱 모양은 어떻게 할까요?

Client : I don't have a specific preference, but a round shape would be good.
특별하게 하고싶은 모양은 없지만, 둥근형이 좋을 것 같네요.

Nail artist : Yes, I understand. A round shape is preferred by bth men and women as it's common and natural.
네 알겠어요. 둥근형은 평범하며 자연스럽고 해서 남녀모두 선호하는 형태입니다.
Now the hand massage has finished.
Please choose an enamel color you want to use.
손 마사지가 끝났네요.
좋아하는 색깔의 에나멜을 선택해 주세요.

Client : How about pink for spring? Do you think it suits me?
봄에 맞는 핑크 어때요? 제게 잘 어울리나요?

Nail artist : Yes, it will go well with your fair skin. Do you have a particular line you prefer?
Half moon, slim line, free edge, or full coat?
네 피부가 밝아서 잘 어울릴거예요. 특별히 선호하는 라인 있나요?
하프문(반월부분), 슬림라인(가늘게), 프리엣지, 풀코트 등 있습니다.

Client : I prefer the slim line because my nails are wide.
저는 손톱 넓어서 슬림라인 컬러링을 원합니다.

Nail artist : All right. Then I will design a simple nail art by applying bright colore oblique stripes on the slim lined pink enamel.
finished.
알겠습니다. 그럼 핑크색 에나멜 슬림라인 위에 기본적인 밝은 색조의 스트라이프 사선 기법으로 네일 아트를 시술해 드릴게요. 끝났습니다.

Client : Oh! It's very pretty!
오 너무 이쁘네요!
Thank you. Bye.
고맙습니다. 안녕히 계세요.

Nail artist : Thank you. Bye.
네. 감사합니다.

PART 03

뷰티서비스의 기본자세와 실무

Ⅳ 헤어커트 디자인

Ⅴ 펌 디자인

Ⅵ 컬러 디자인

Ⅶ 업스타일 디자인

Part 03

IV 헤어커트 디자인

1. 헤어커트의 개념

헤어커트는 머리카락을 잘라내는 것이 아니라 아름다워보이게 남기는 작업이고 헤어스타일의 가장 기초가 되는 기술이다.

헤어커트는 고객이 원하는 스타일에 맞게 정확한 길이 또는 모발의 숱을 적절히 조절하여 헤어스타일을 완성하는데 목적이 있다. 헤어커트의 기술에 따라 고객이 원하는 스타일(헤어스타일링, 퍼머넌트의 웨이브), 얼굴형태, 두상형태의 장단점을 보완할 수 있다.

따라서 헤어커트는 모든 시술에 있어 기초가 되는 기술이며 헤어커트를 통해 가장 이상적인 머리 스타일을 만드는 것을 말한다.

2. 커트 도구

헤어 커트에 있어 중요한 시술도구인 가위, 레이저, 빗, 클리퍼 등 커트 도구를 알아보자.

1) 가위(Scissors)

(1) 블런트 가위

일반 커트 할 때 가장 많이 사용하는 가위이다.

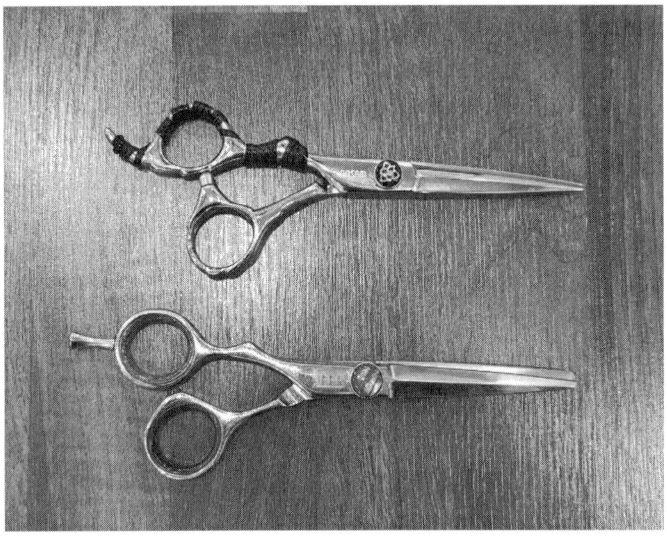

(2) 장 가위

가위 길이가 6.5인치 이상이 되는 가위를 말하며 남자 커트 할 때 가장 많이 사용된다.

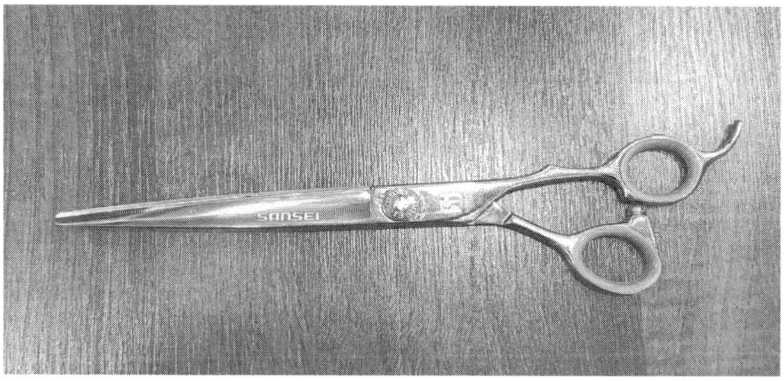

2) 틴닝 가위(Thinning Scissors)

머리의 길이를 자르지 않고 모량조절에 사용하는 가위이다. 틴닝 홈(발수)에 따라 모량이 결정된다.

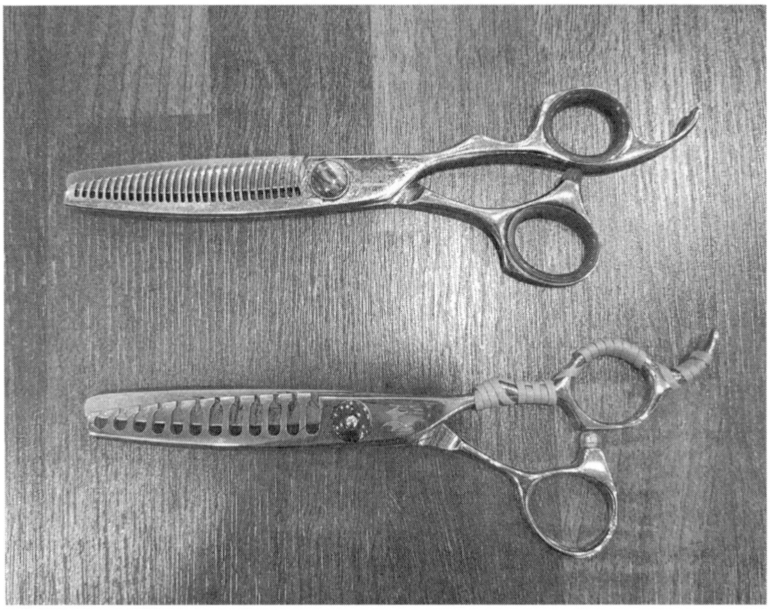

3) 커트 빗(Cut comb)

커트 빗살은 고운부분과 굵은부분으로 나뉘어 지는데 고운부분은 판넬을 나눌 때 사용하고 굵은부분은 블로킹(파팅)을 나눌 때 사용한다.

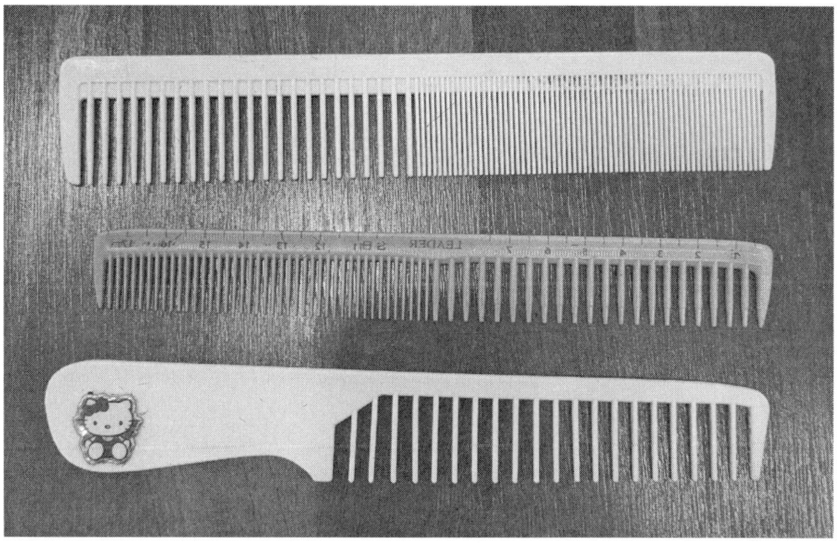

4) 레쟈(Razor)

레쟈는 딱딱한 기법이아니라 부드럽고 자연스러운 질감을 표현하면서 길이도 조절 할 수 있다.

마른모발에 사용할 경우 모발이 고르게 커트가 되지않고 손상이 되어 끝이 갈라지게 된다. 그러므로 레쟈를 사용 할 때 젖은 모발로 시술해야할 것이다.

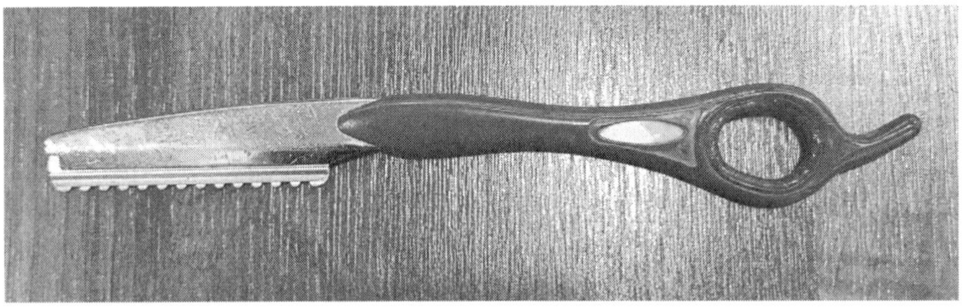

5) 분무기/클립(핀셋)

분무기는 헤어커트시 모발의 블로킹이나 섹션을 탈 때 도움을 주고 커트시 모발이 손상되지않게 도움을 주는 도구이다.

클립(핀셋)은 모발의 블로킹에 사용되며 커트를 위한 모발 고정의 역할을 한다.

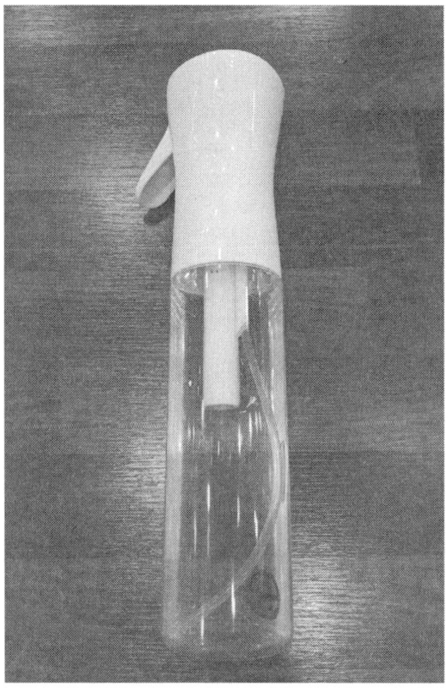

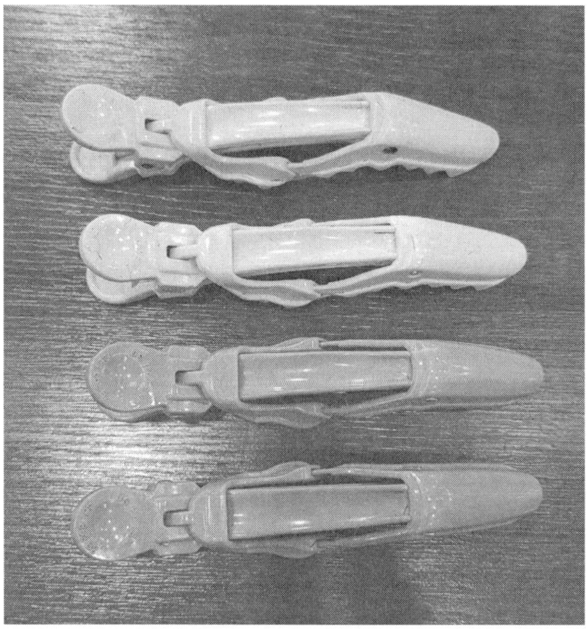

6) 클리퍼(Cipper)

클리퍼는 일명 바리깡이라고도 불린다.

프랑스에서 1871년 창시자인 바리깡이 발명하여 바리깡이라고 불러졌고 우리나라는 일본으로부터 수입하여 대한민국으로 보급이 시작되었다.

클리퍼는 남성커트에 사용되며 가위대신에 클리퍼를 이용하여 모발을 잘라내는 것이다.

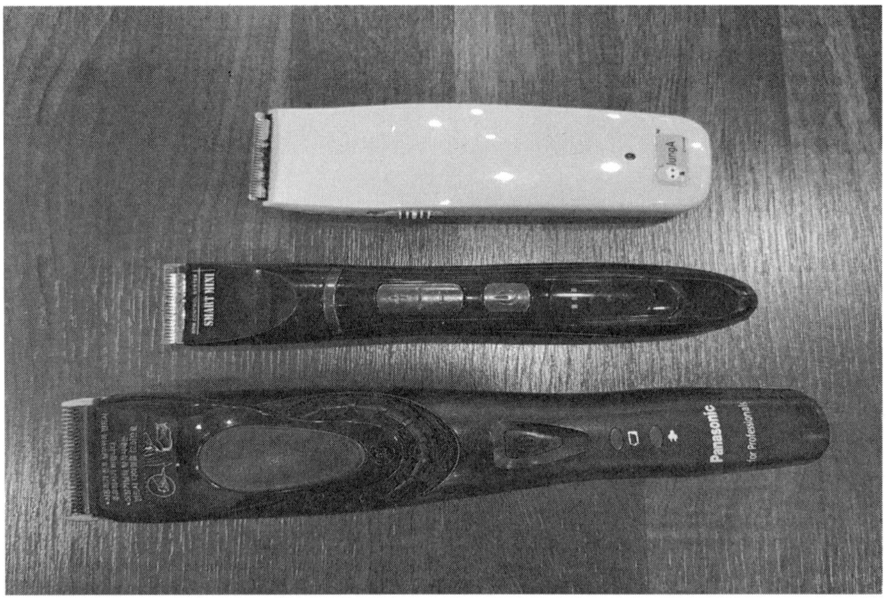

3. 헤어커트 트렌드

대부분 트렌드에 있어 연예인들의 헤어스타일에 따라 민감하게 변화되기 시작된다. 헤어스타일은 크게 숏 커트, 숏 단발, 미듐 단발, 롱 헤어로 나뉘어 진다.

최근에는 레이어드 커트가 유행으로 층이 많이 나는 머리가 대세로 롱 헤어뿐만 아니라 단발/미듐 단발에도 레이어드를 접목시켜 헤어 스타일의 변화를 주기 시작되었고, 앞으로도 샤기 컷처럼 점점 더 가볍고 층이 많이나는 헤어스타일이 계속 유행할 것 같습니다.

헤어스타일이 짧든 길든 앞머리를 추구하는 고객들은 예전처럼 많은양을 내려 뱅의 머리를 자르는 것이 아니라 시스루 뱅 즉, 시스루 웃처럼 앞머리도 이마가 보일 듯 말듯한 적은 양으로 자르는 형태를 많이 추구 합니다.

◆ 중단발(미디움) 레이어드 커트 ◆

시술전 사진

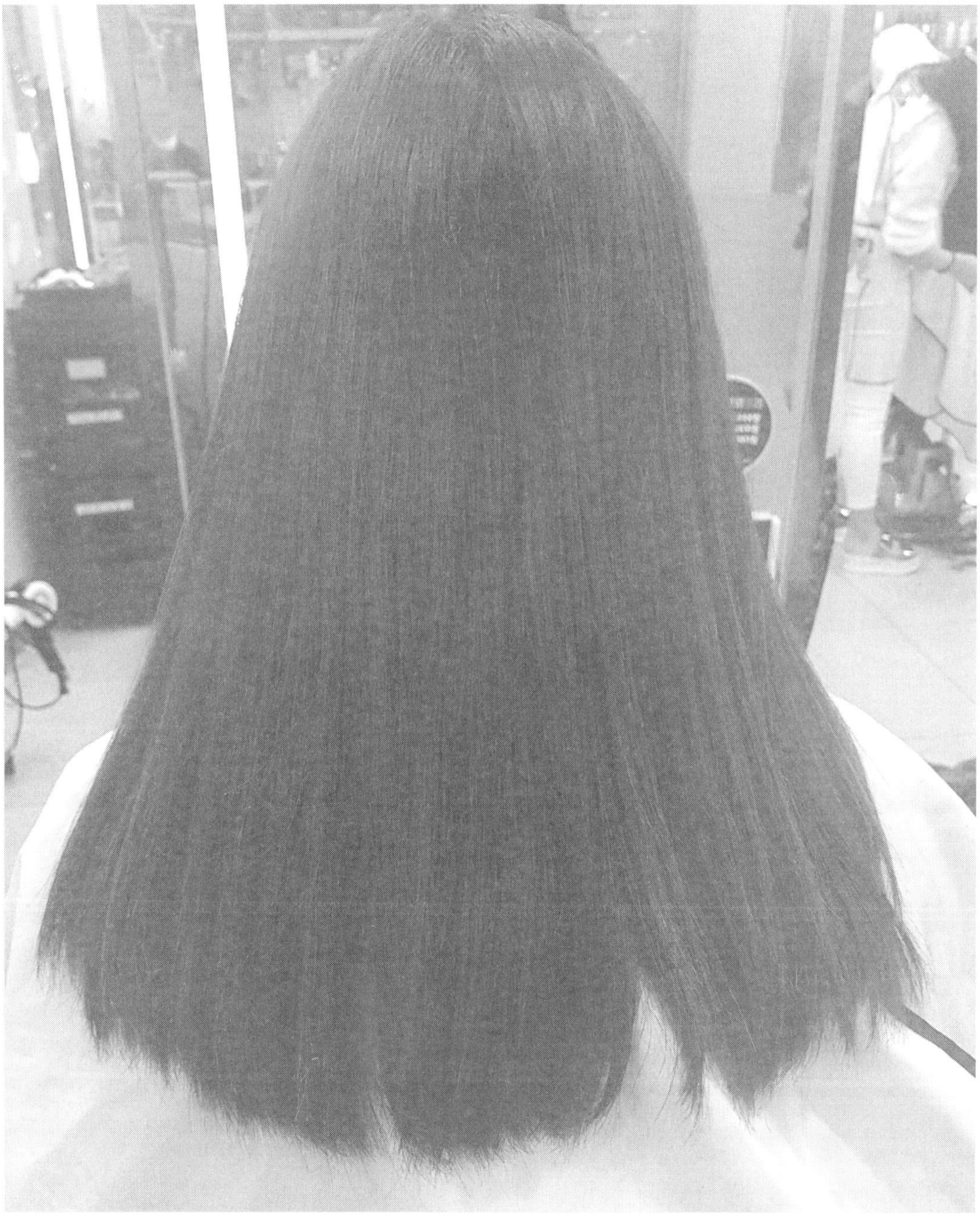

커트시술 준비물 : 커트가위, 빗, 핀셋, 고데기, 드라이기, 매직기

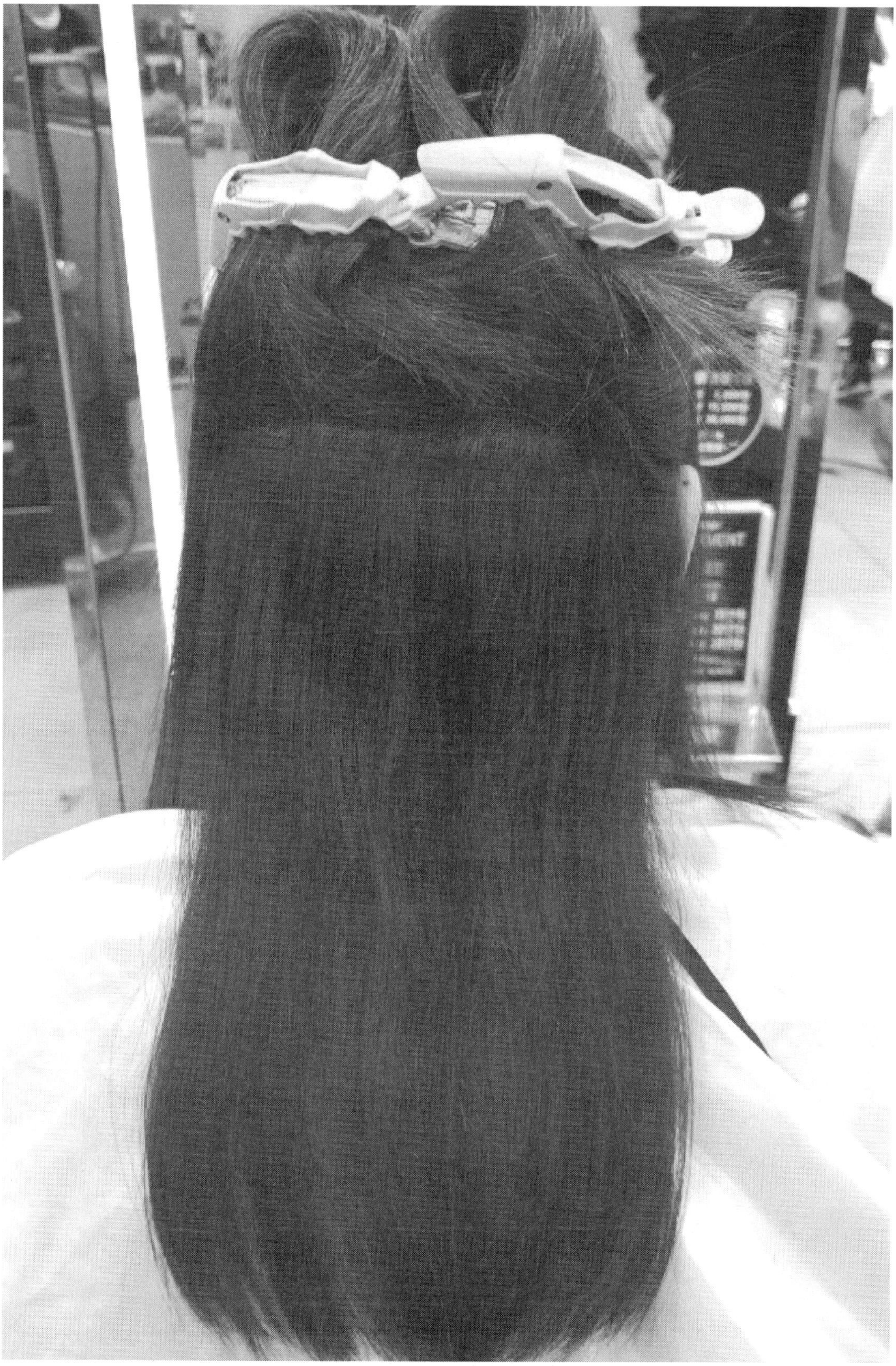

블로킹 → 네이프 가이드 라인을 커트가위를 이용하여 정리한다.

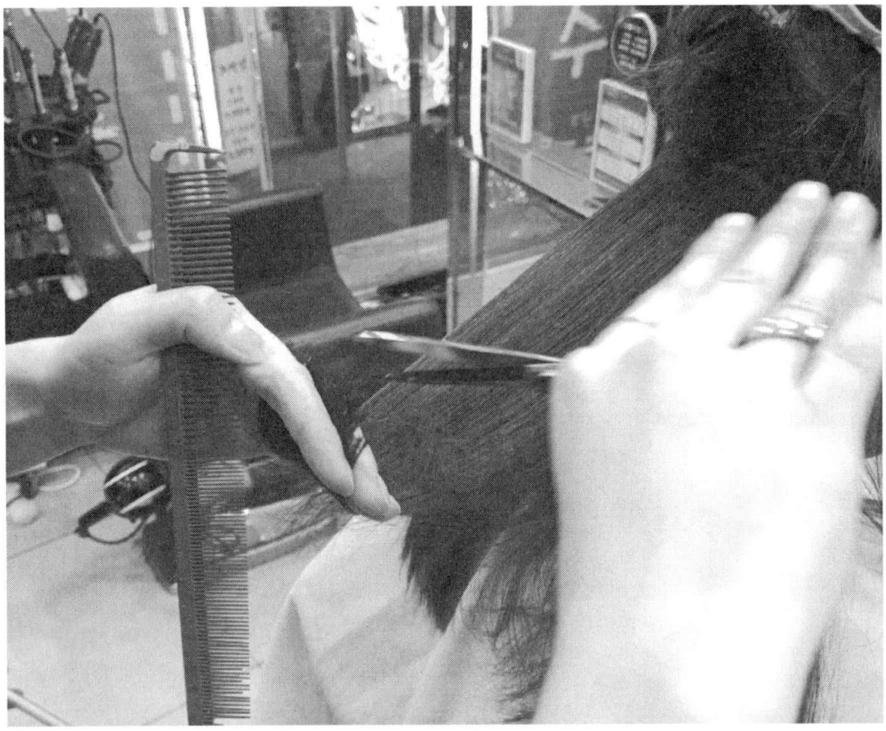

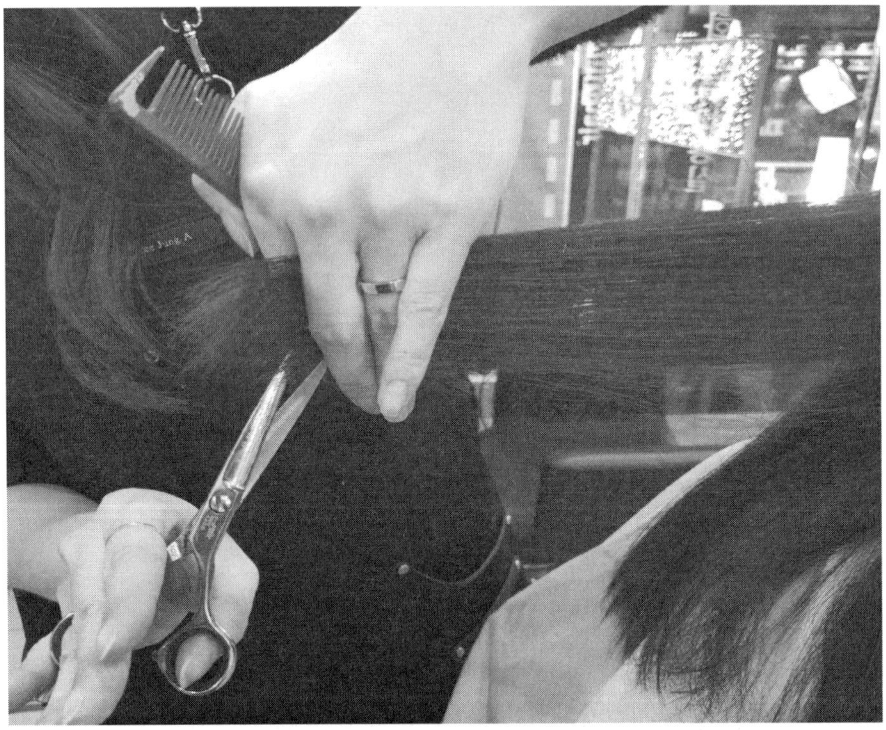

가이드라인 정리 커트후 → 모델의 모발상태를 고려하여 커트가위 4.5인치 가위를 사용 하여 45도 각도로 커트시술을 한다.

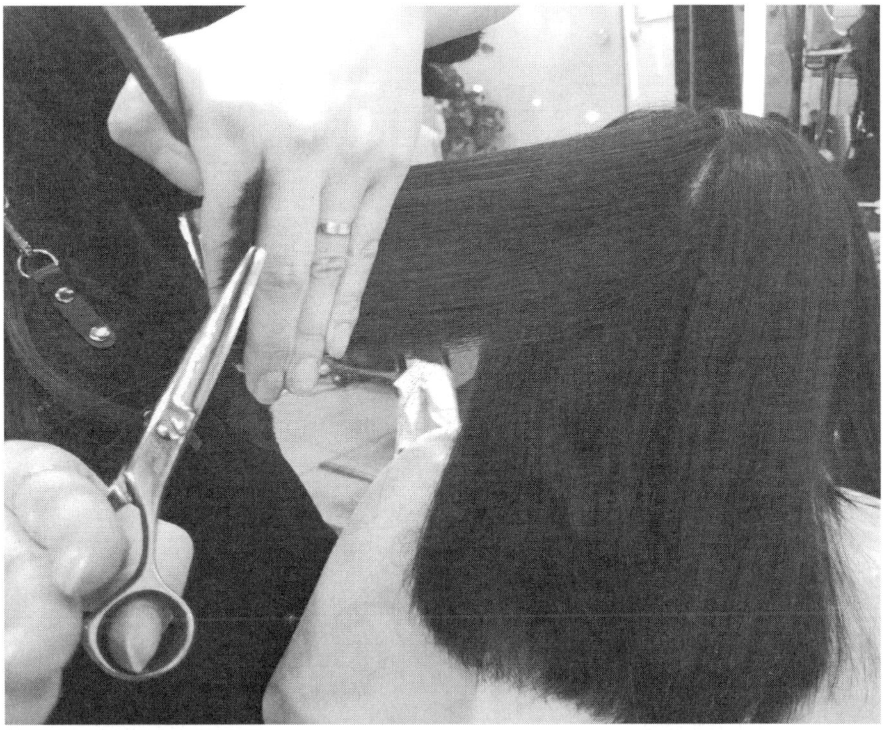

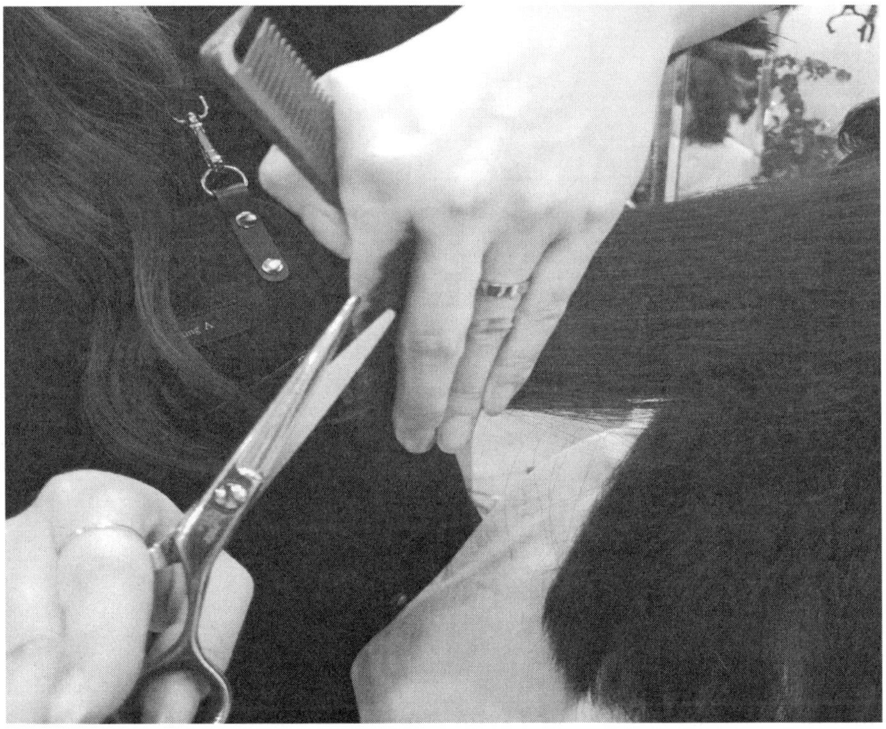

네이프(N.P)길이에 연결하여 90도 각도로 커트 가위를 이용하여 커트를 진행한다.

→ 백(B.P),탑(T.P)까지 동일한 방법을 커트를 진행한다.

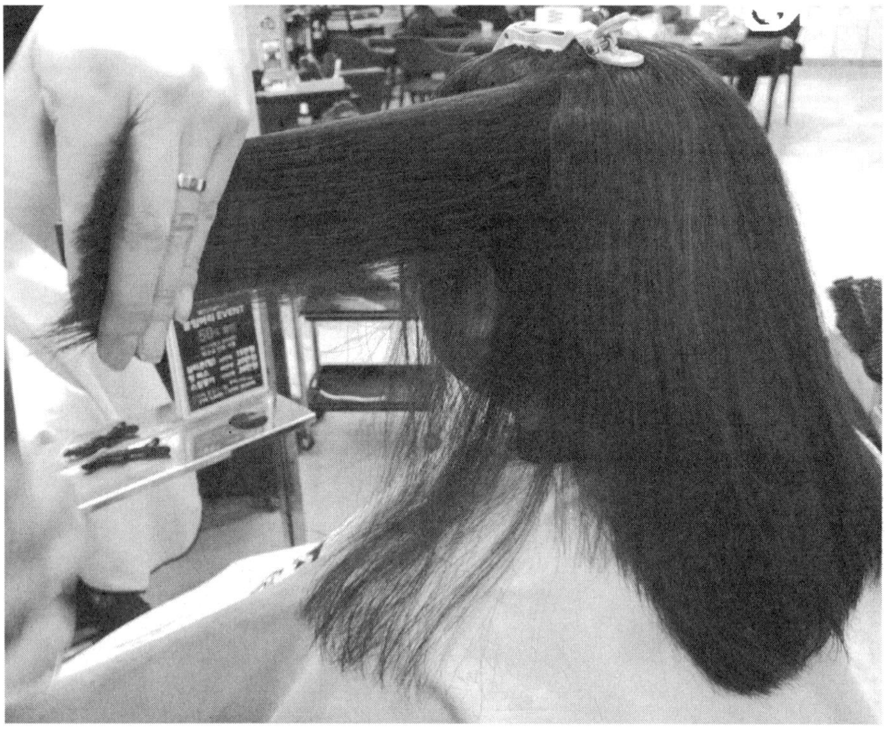

백(B.P)와 연결하여 길이를 만든후 커트가위를 이용하여 90도 각도로 커트를 진행한다.

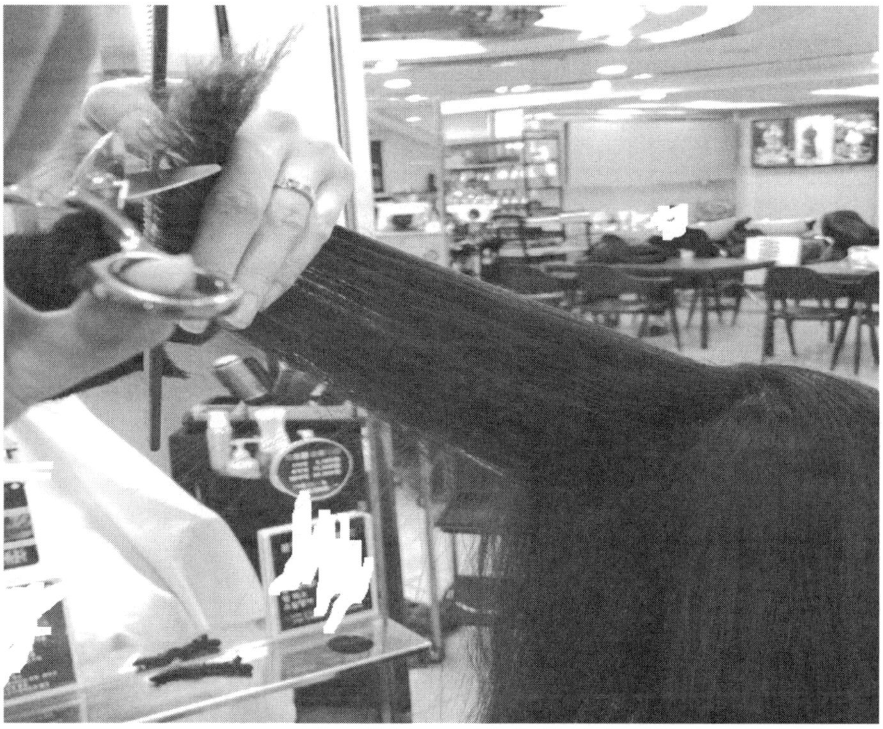

사이드 탑 부분도 동일하게 커트가위를 이용하여 90도 각도로
가이드라인길이와 연결하여 커트를 진행한다.

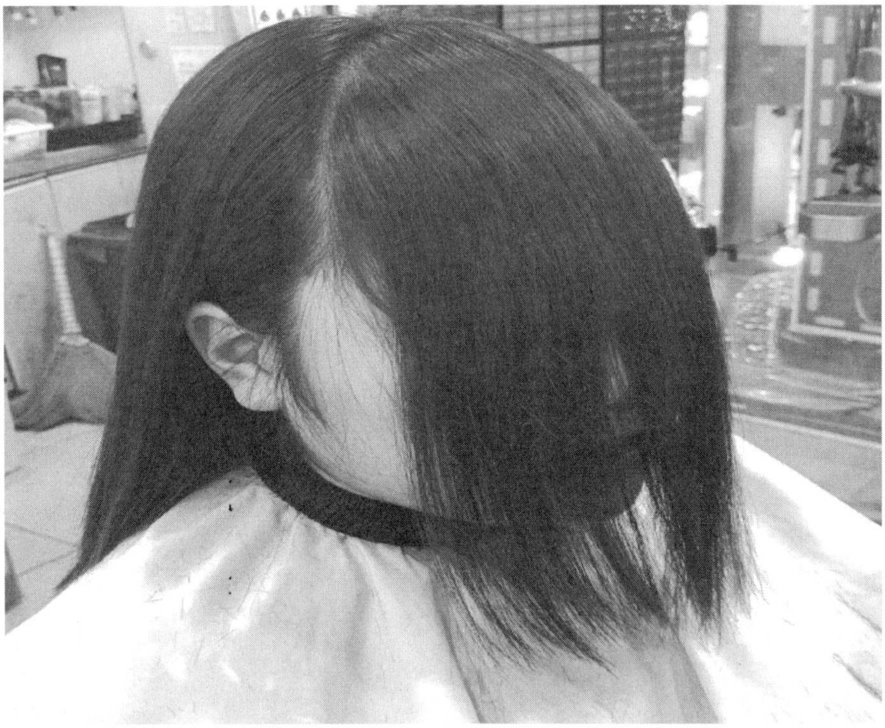

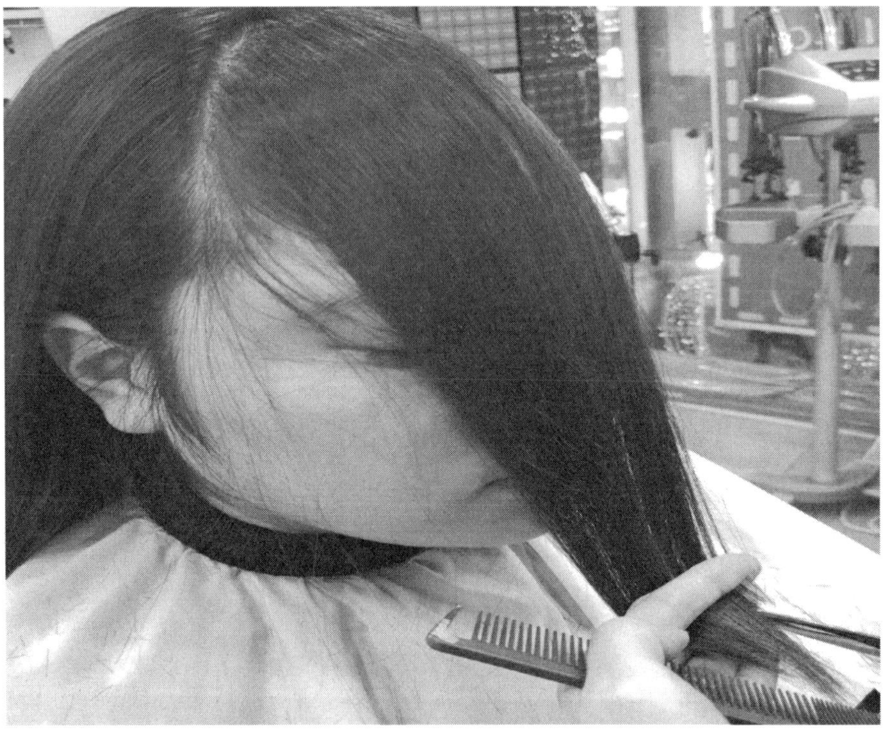

앞머리 커트

앞머리 커트 시술하기전 앞머리 라인을 설정하고 모델이 원하는 앞머리길이와 라인을 설정한다.

앞머리 라인 설정한 삼각형 라인에서 중간을 턱선 길이에 맞춰 자른 후 양옆을 연결하기위해 반대방향에서 커트한다.

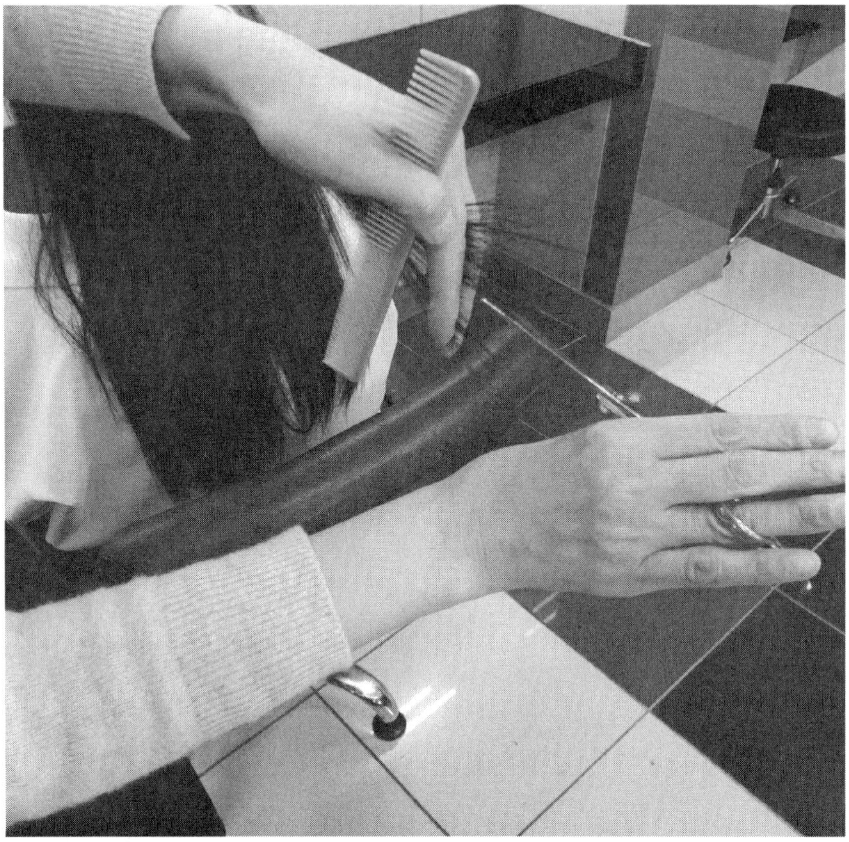

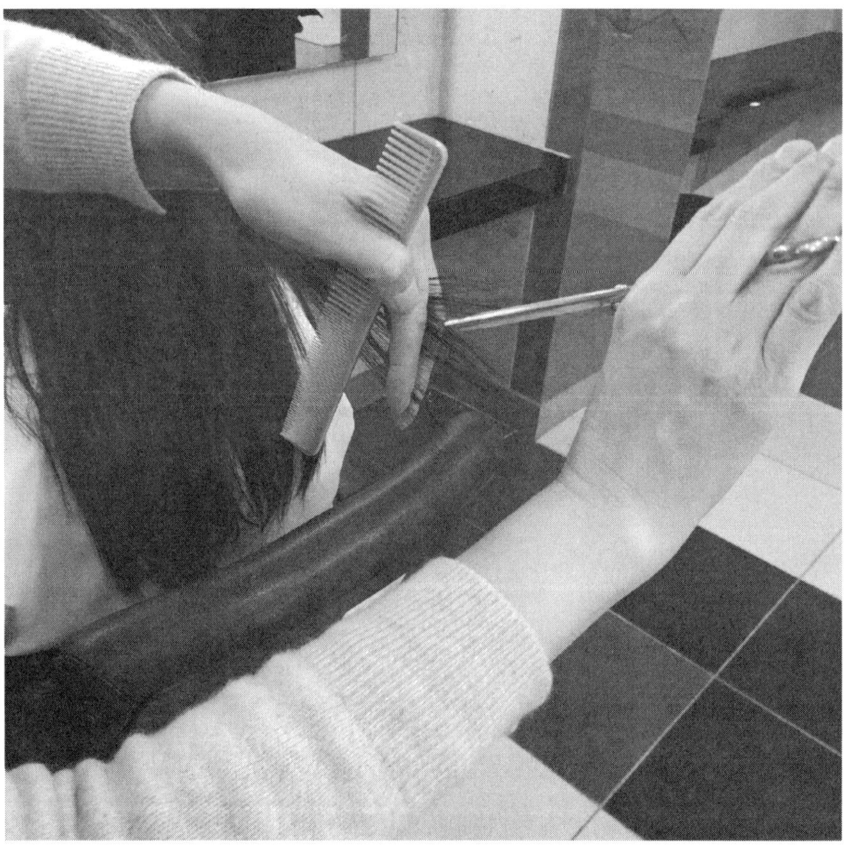

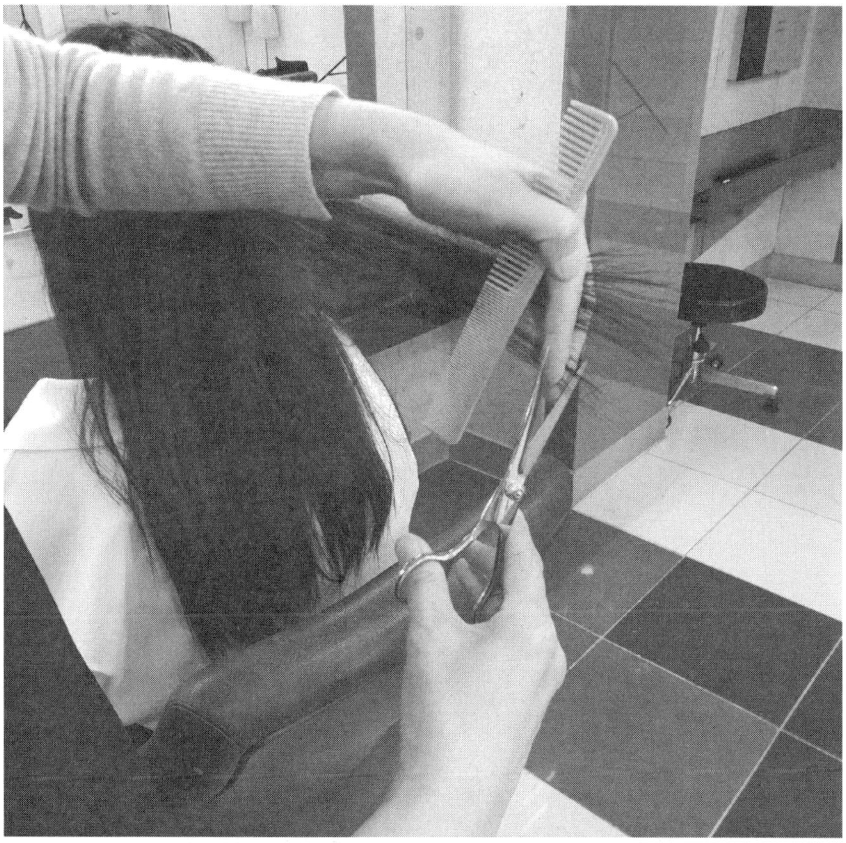

트렌드 커트 시술 장면

커트시술 후

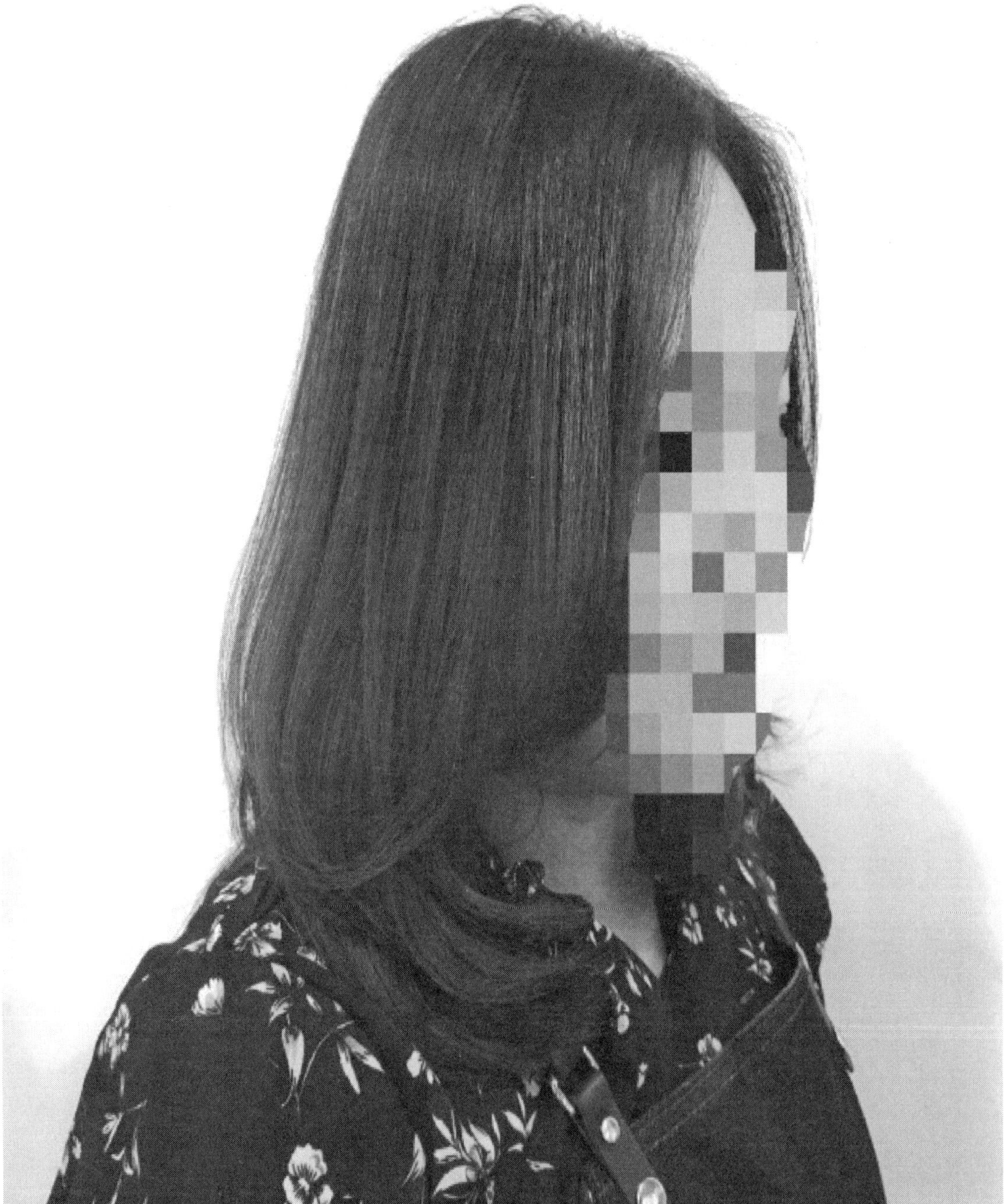

드라이 준비물 : 고데기, 매직기, 드라이롤

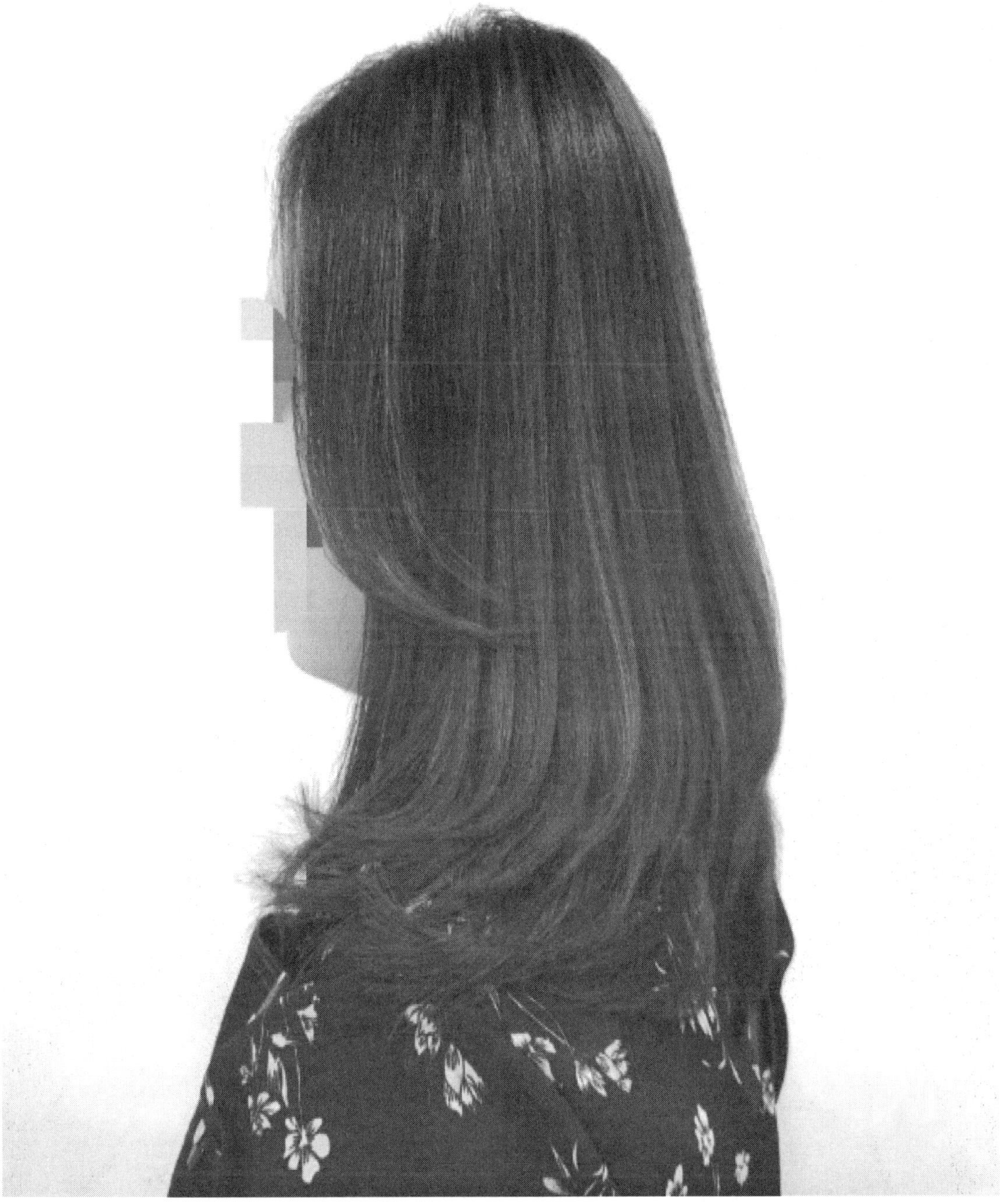

커트시술후 고데기와매직기를 이용하여 C컬로 드라이하고 드라이기와 드라이롤를 이용하여 뿌리볼륨을 살리고 앞머리는 볼륨있는 C컬로 드라이후 에센스를 바르고 마무리 한다.

레이어드 커트 사진

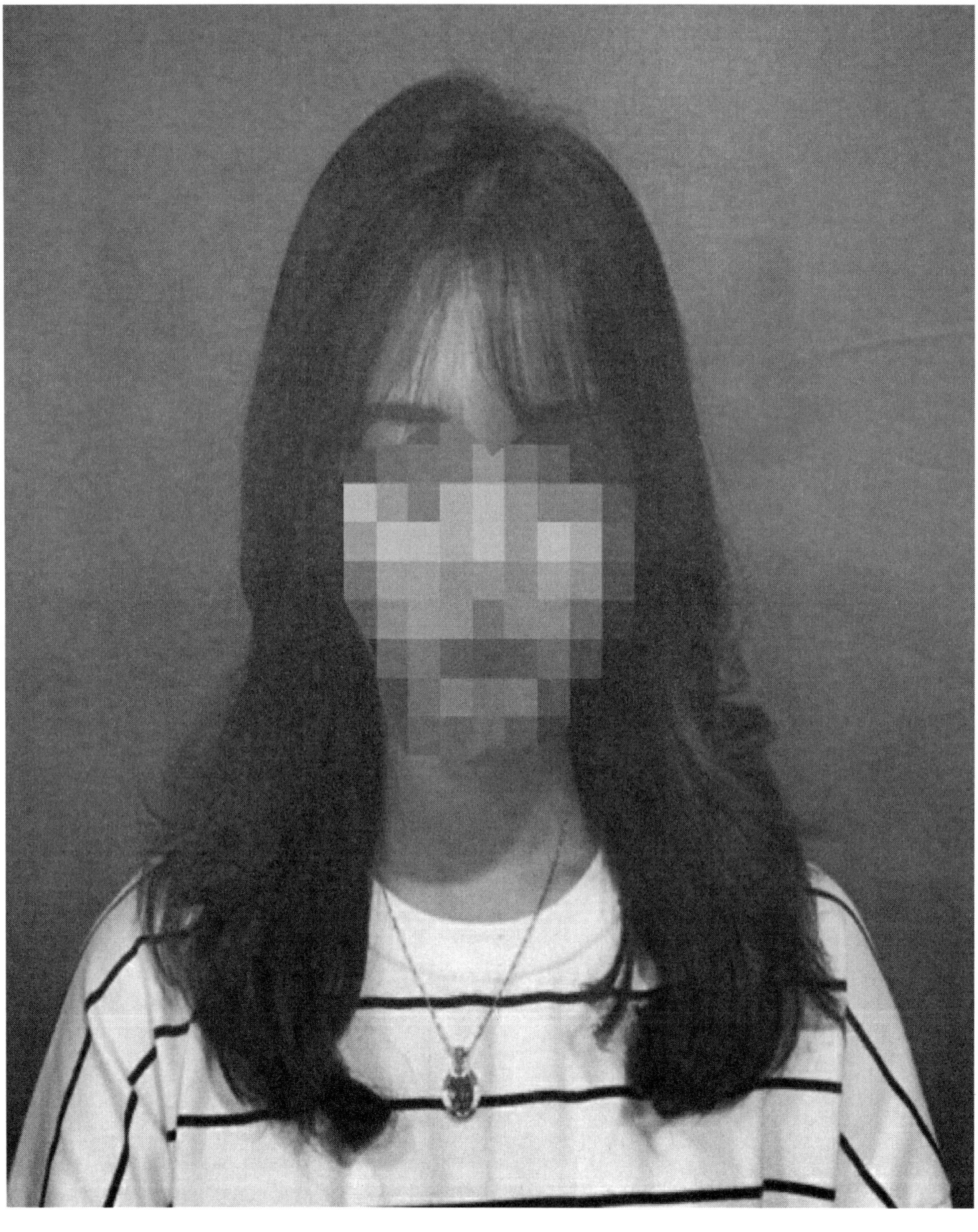

시스루 뱅 앞머리 스타일 레이어드 커트
드라이롤1호를 사용하여 시스루 뱅 앞머리를 드라이 후 매직기와 고데기를 이용하여 강한C컬을 드라이후 겉면에만 S컬을 드라이하고 드라이롤5호를 이용하여 뿌리를 살려 드라이한 모습

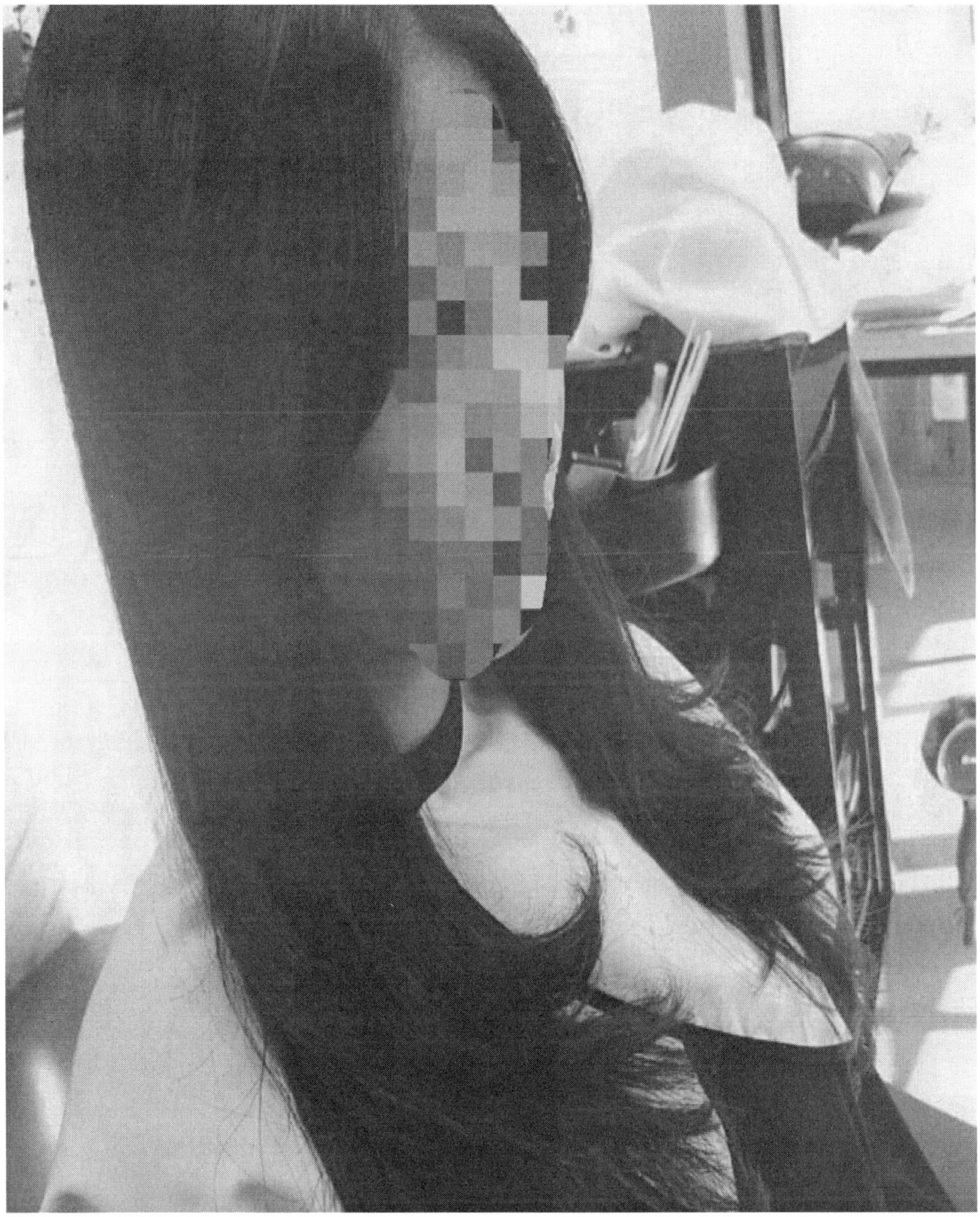

롱 레이어드커트
앞머리를 기르는 과정이므로 드라이롤1호를 사용하여 옆으로 넘겨 드라이를 하고 매직기와 고데기를 이용하여 윗머리는 매직기로 피고 밑머리는 고데기를 이용하여 C컬 드라이한 모습

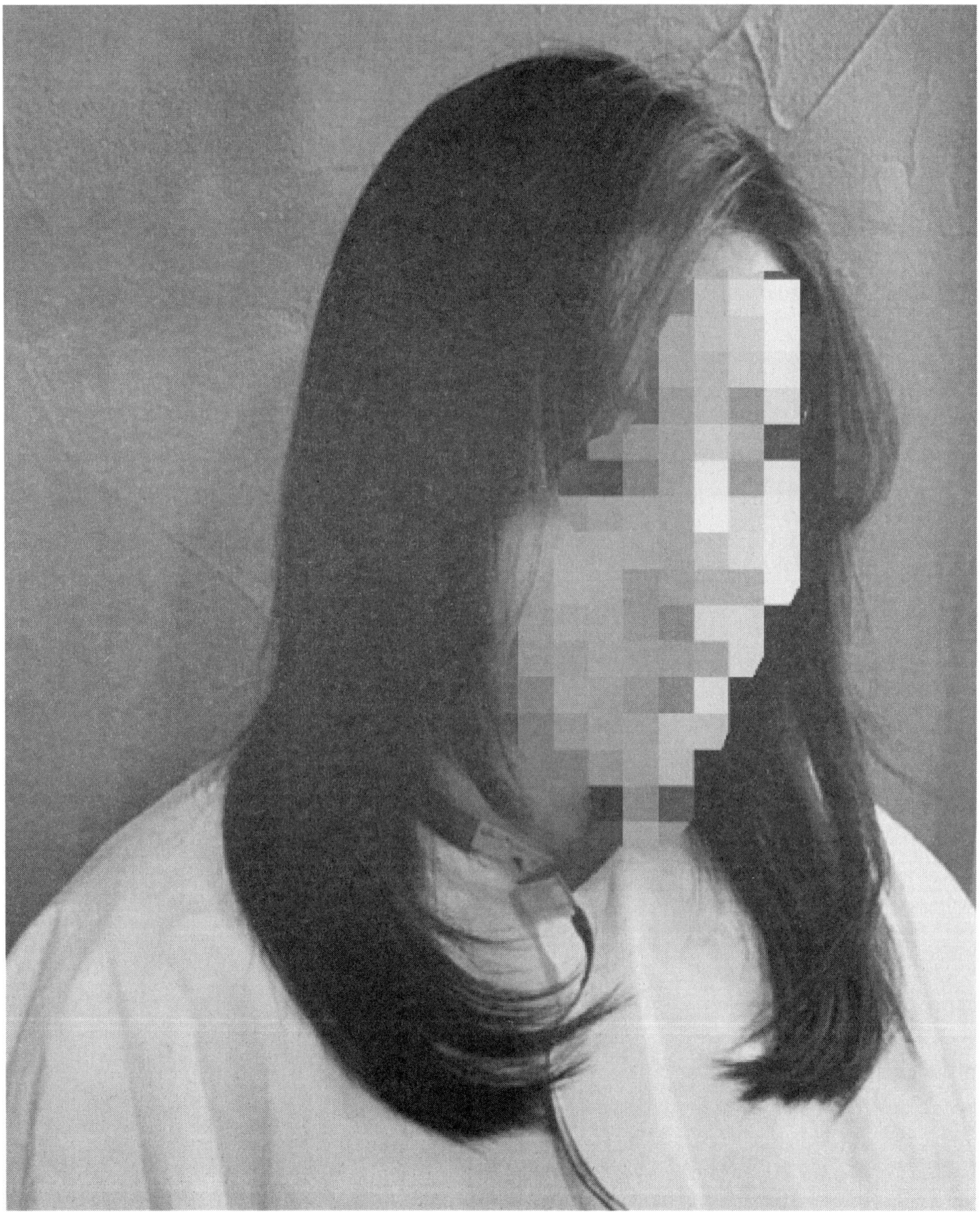

미듐 레이어드커트
기존 레이어드 커트보다 더 가볍고 끝이 샤프하게 커트가 되어 있기 때문에 드라이롤1호를 이용하여 자연스러운 C컬 드라이를 한 모습

Part 03

V 펌 디자인

1. 헤어 펌(퍼머넌트 웨이브)의 개념

물리적, 화학적 방법으로 모발의 구조, 형태를 변형하여 모발웨이브를 지속시키는 것을 말한다.

permanent 영구적인, wave 물결, 파도 등의 뜻이 합쳐진 퍼머넌트 웨이브라고 한다. 펌은 모발의 구조, 형태를 변형하여 직모머리는 웨이브(펌)을 만들고 곱슬머리는 직모(매직)을 만들어 변화를 줄 수 있다.

퍼머 준비물 : 매직약, 고데기, 매직기, 고급드라이롤, 드라이기, 로드, 파지, 고무줄, 스틱, 파마보, 비닐캡, 이어캡, 헤어밴드, 꼬리빗. 전기모, 헤어미스트기, 열기구, 디지털기계, 셋팅기계, 파마약1제, 중화제2제

2. 헤어 펌(퍼머넌트 웨이브)의 도구/기기

1) 로드(god)

로드는 펌의 웨이브(컬)의 굵기와 형태를 결정짓는 역할을 한다.
로드는 형태와 크기가 다양하고 크기 즉 호수에 따라 웨이브(컬)의 굵기를 분류할 수 있다.

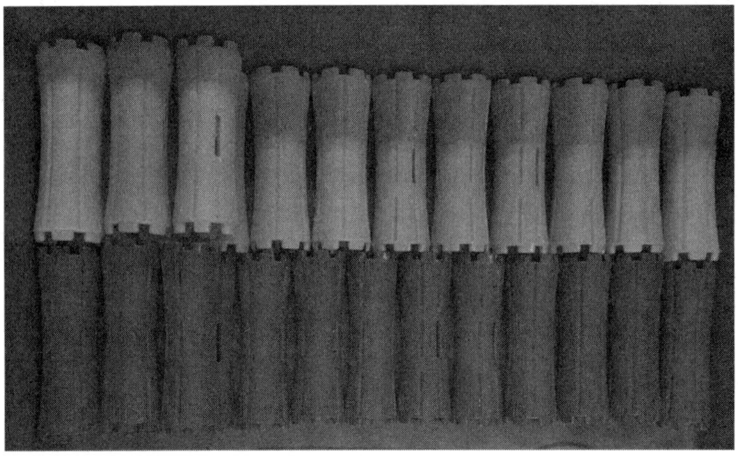

로드

2) 파지(End paper)

모발이 로드에 말 때 매끄럽고 고르게 나올수 있게 도와주고 모발의 손상을 방지하고 와인딩을 쉽게 할 수 있게 도와준다.

파지 사용법 한 장으로 단면 사용하는 방법이 있고 책갈피처럼 접어서 사용하는 방법이 있다. 두 장으로 겹쳐서 사용하는 쿠션 사용법과 앞, 뒤 겹쳐서 사용하는방법 등 다양하다. 모발의 손상이나 퍼머에 따라 사용하는 방법이 다양하다.

파지

3) 고무줄(Rubber band)

로드를 와인딩 할 때 모발이 고정 할 수 있게 하는 역할을 한다.

고무줄 사용법은 수평으로 일자로 하는 방법, X자형태, 더블 X자 형태가 있다. 와인딩에 따라 고무줄 사용법은 다양하다.

고무줄

4) 스틱(Stick)

로드 와인딩 후 스틱을 사용하여 고무줄자국이 생기지않게 방지하고 모발의 손상도 방지한다.

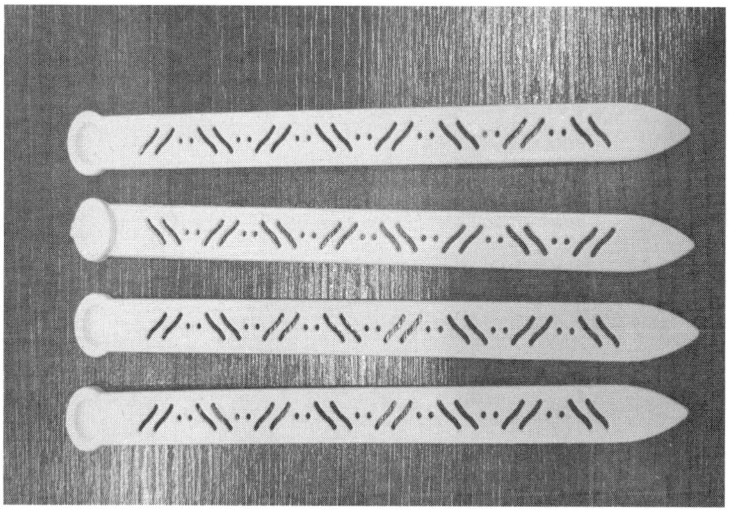

스틱

5) 장갑/파마보

로드 와인딩 시 시술자의 손을 보호 할 수 있게 장갑을 착용한다. 파마보는 시술시 고객의 옷을 보호하기 위해 사용한다.

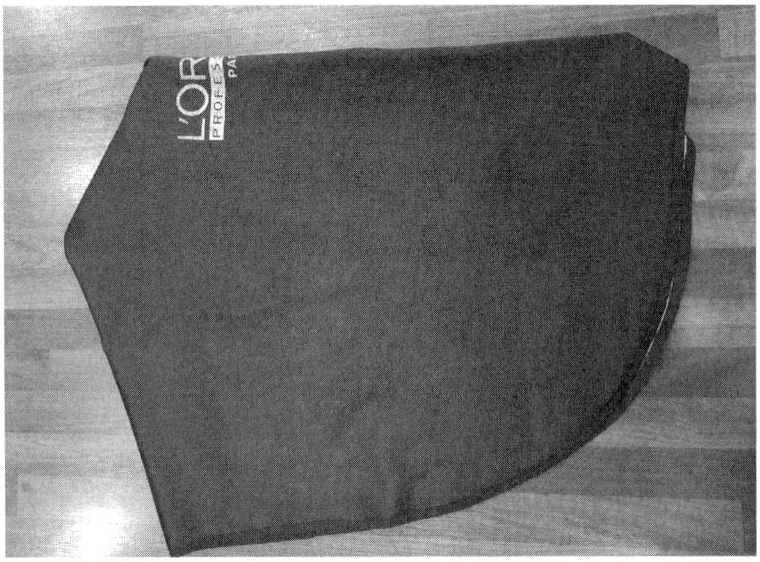

파마보

6) 비닐캡/헤어밴드

비닐캡은 파마1제가 산화 되지않게 방지하고 모발의 온도가 고르게 유지 할 수 있게 사용된다. 헤어밴드는 중화 할 때 고객의 얼굴과 목에 흘러 내리지 않도록 방지할 수 있다.

비닐캡, 이어캡

헤어밴드

7) 꼬리빗

로드 와인딩 할 때 사용 되며 모발의 블로킹 섹션을 분리 할 수 있다.

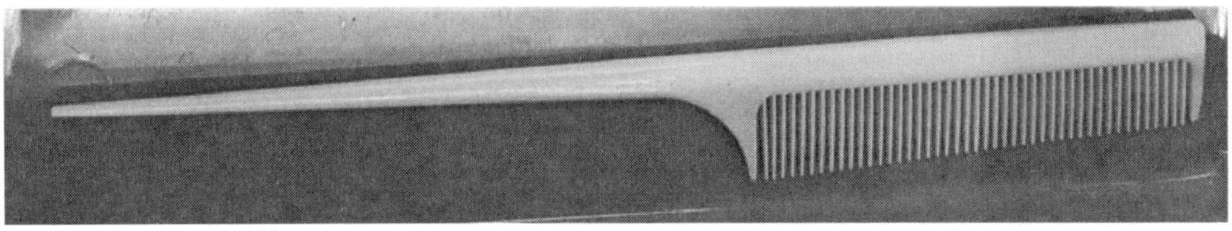

꼬리빗

8) 전기 모자 / 드라이기 / 열기구

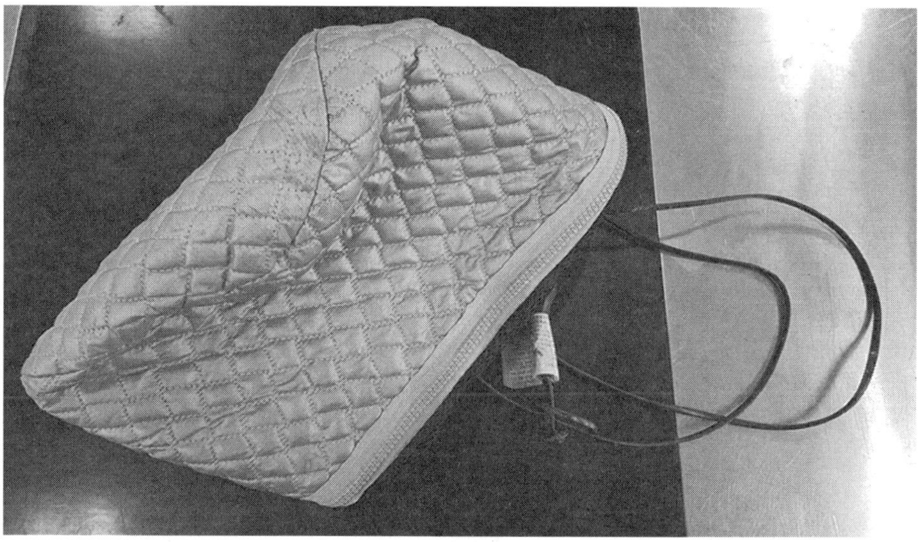

(전기모)

(헤어드라이기)

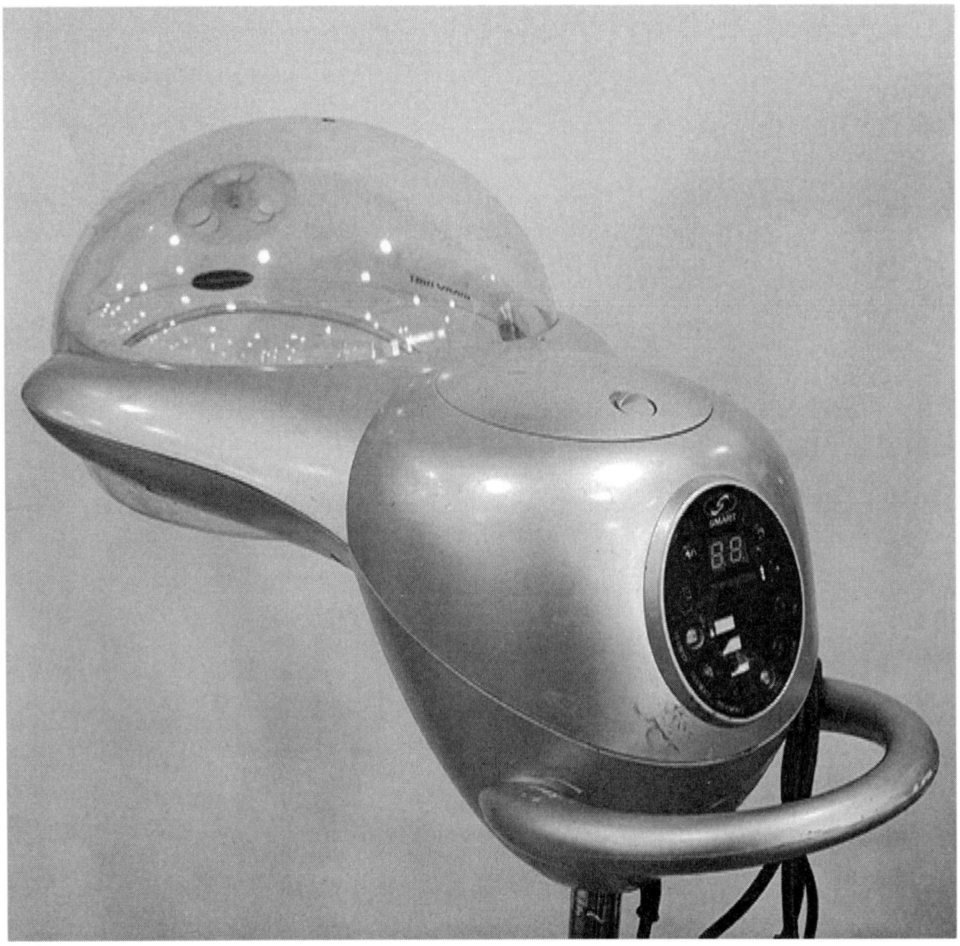

(헤어미스트기)

헤어 클리닉, 두피케어에 가장 많이 사용되며 염색,파마 시술에도 사용된다.

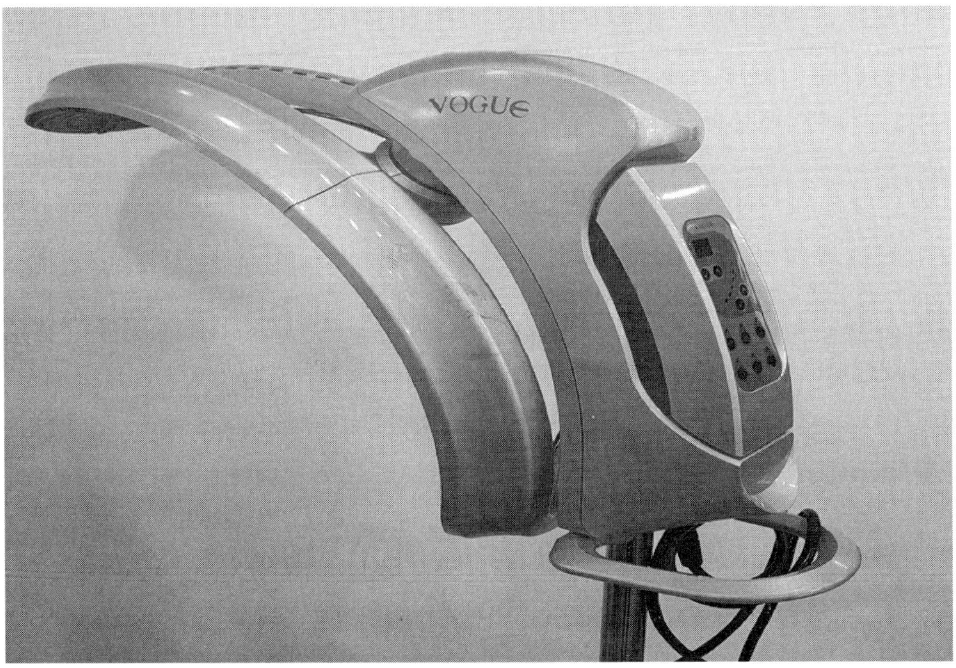

(열기구)

파마, 염색 시술시 열처리 기구로 사용된다.

9) 디지털기계/셋팅기계/매직기

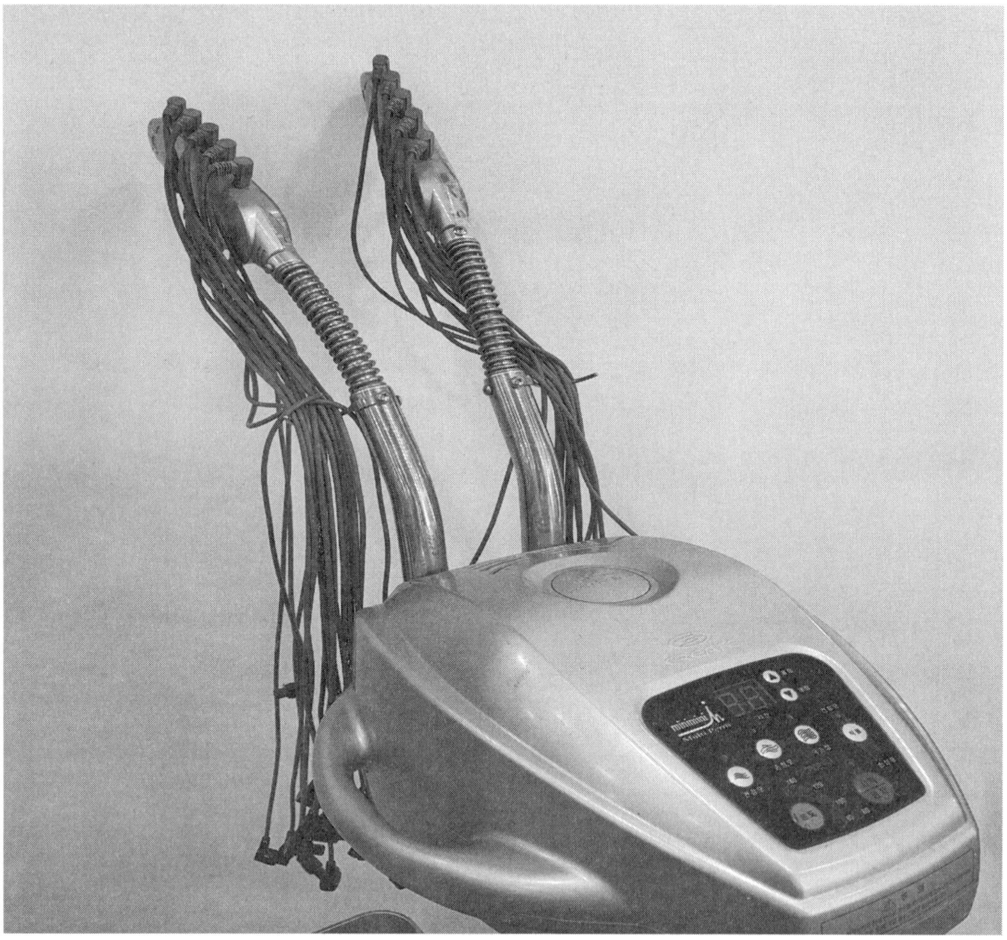

(디지털기계)

열펌기계이고 짧은머리나 많은 컬을 표현할 때 많이 사용된다.

(셋팅기계)

자연스러운 컬 표현 할 때 가장 많이 사용된다.

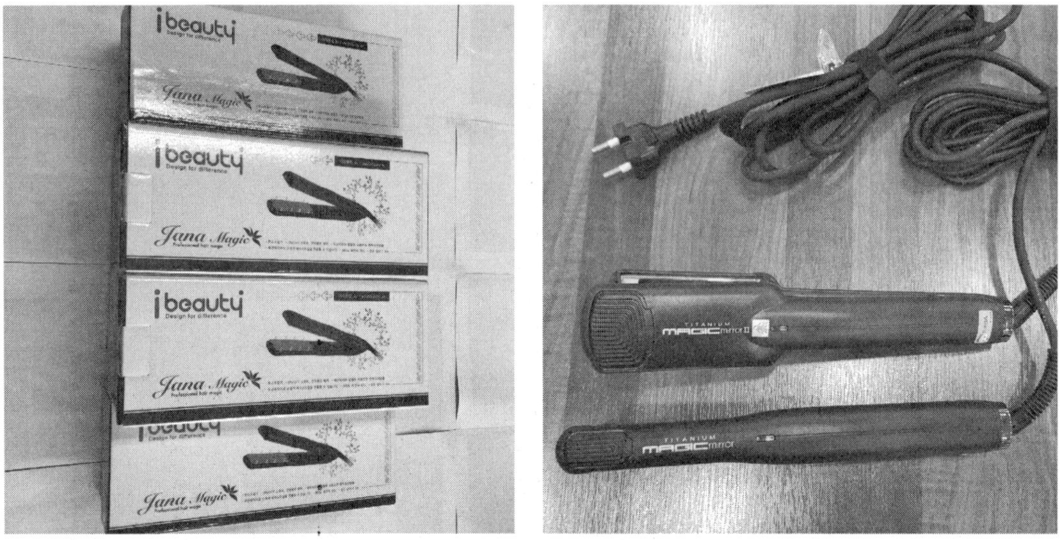

(매직기)

매직기는 드라이 할 때 가장 많이 사용되지만 파마 시술에도 사용 된다. 매직이나 볼륨매직 또는 다운펌시술에 사용되며 머리 길이에 따라 매직기 크기와 모양이 결정된다.

10) 퍼머넌트웨이브제(1제환원제/2제산화제,중화제)

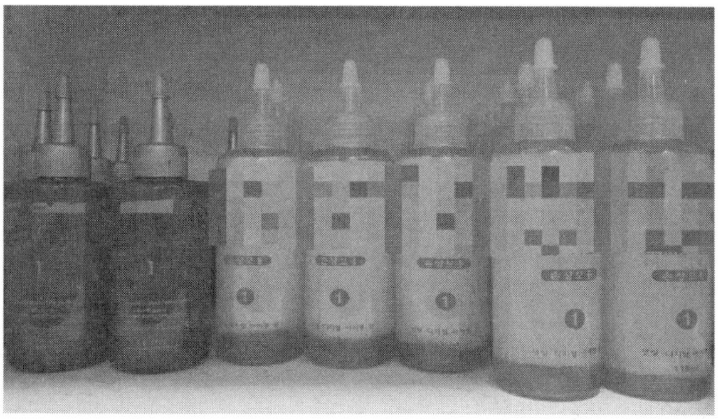

(파마약 1제)

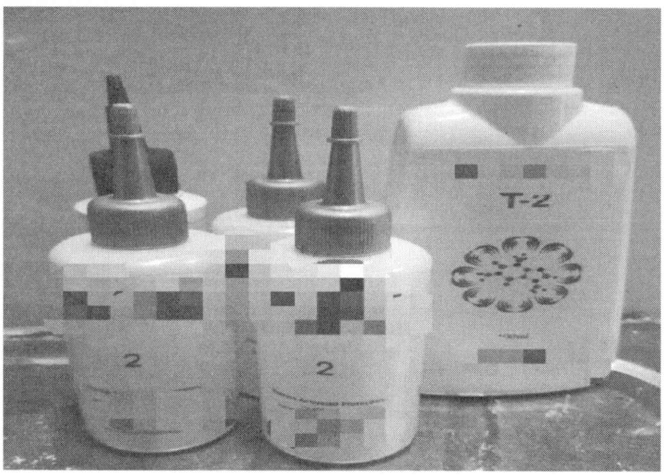

(중화제 2제)

(매직약)

3. 헤어 펌 트렌드

변함없는 펌 트렌드는 드라이 한듯한 웨이브를 많이 선호하고 있습니다. 열펌(셋팅이나 디지털펌)을 많이 사용하여 드라이 한듯한 자연스러운 웨이브나 C컬,아웃C컬 펌을 많이 선호한다. 최근 들어서는 일명 레트로 열풍으로 인해 복고의 느낌을 조금 더 세련되게 재해석하여 헤어 펌에도 기존의 자연스러운 펌도 유행하지만 일명 히피펌 이라고 불리고 뿌리부터 웨이브가 시작되어 웨이브 컬이 아주 강하고 많고 앞머리가 있으신 고객들은 앞머리도 같은 로드 호수로 웨이브가 생기게 말고 전체적으로 웨이브가 강함이 부담스러운 고객들은 앞머리만 펌 하러 오시는 고객이 있다. 그리고 10대부터 중 장년층까지 나이 불문하여 볼륨감을 중요시 여기기 때문에 펌을 하지 않더라도 일명 뿌리펌이라고 불리는 뿌리 볼륨만 살리기 위해서 미용실에 방문하는 고객들도 늘어났다. 앞으로는 뿌리펌과 웨이브펌을 같이 시술하는 것이 보편화 될것이라고 예상한다.

◆ 응용펌 웨이브 디자인 ◆

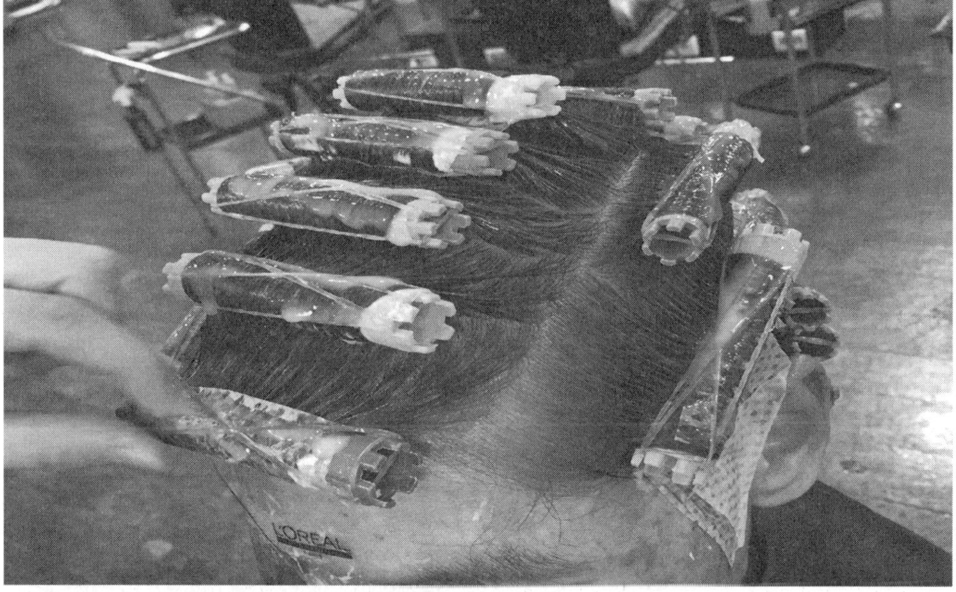

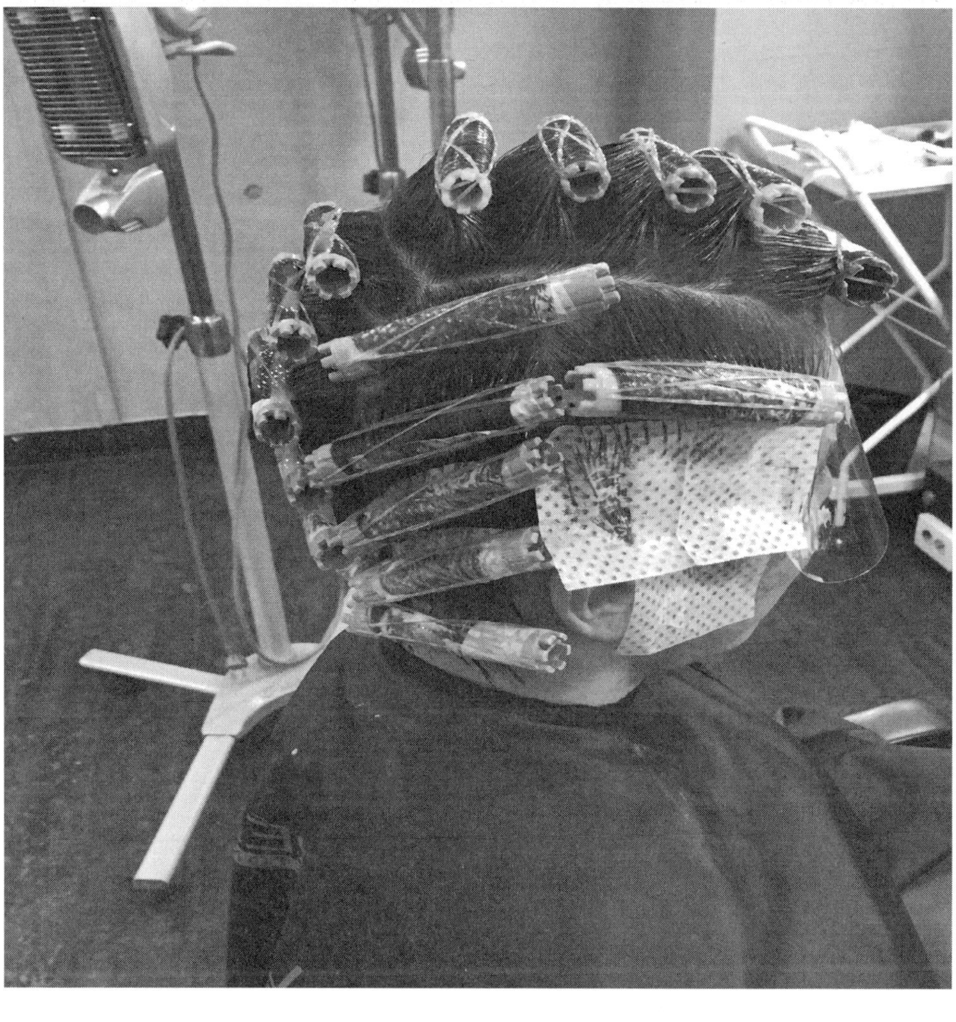

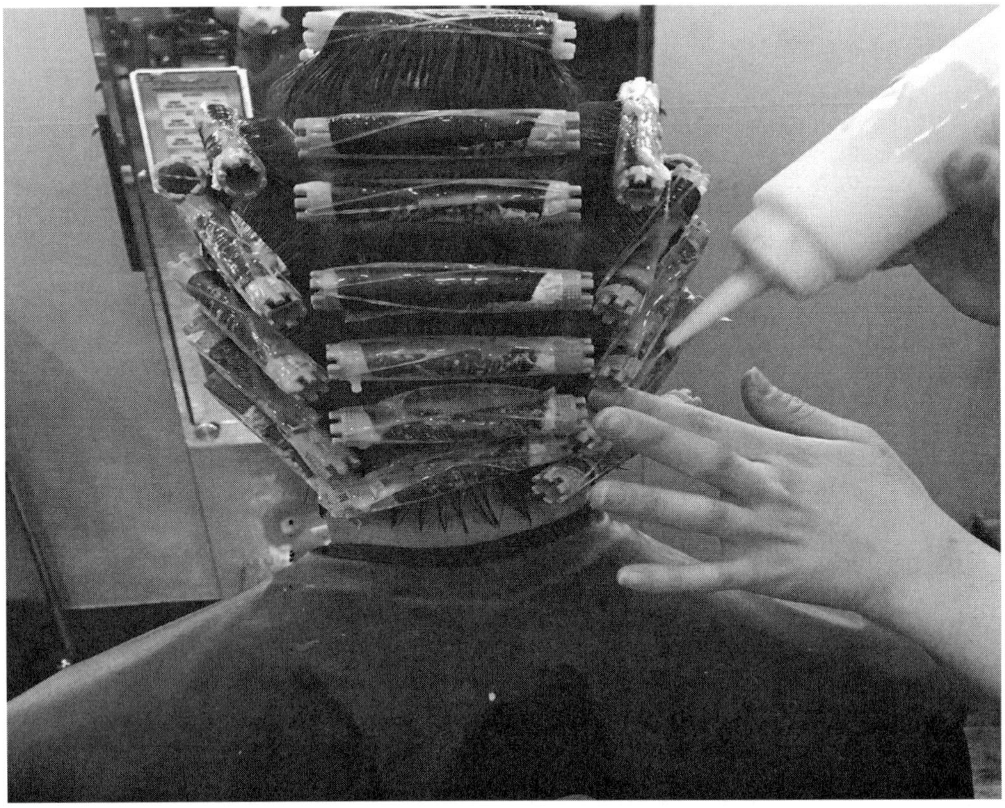

남자 펌 중 볼륨웨이브펌 시술 과정

롯드는 모발길이에 맞게 준비하여 탑부분에는 웨이브를 넣어주고 앞머리 까지 점점 자연스러운 c컬을 형성한다.

롯드를 다 말고 난 후 파마 1제를 다시 재도포하여 열처리 10분 후 테스트를 보고 컬을 탄력도를 보고 중화를 한다.

파마 시술 후

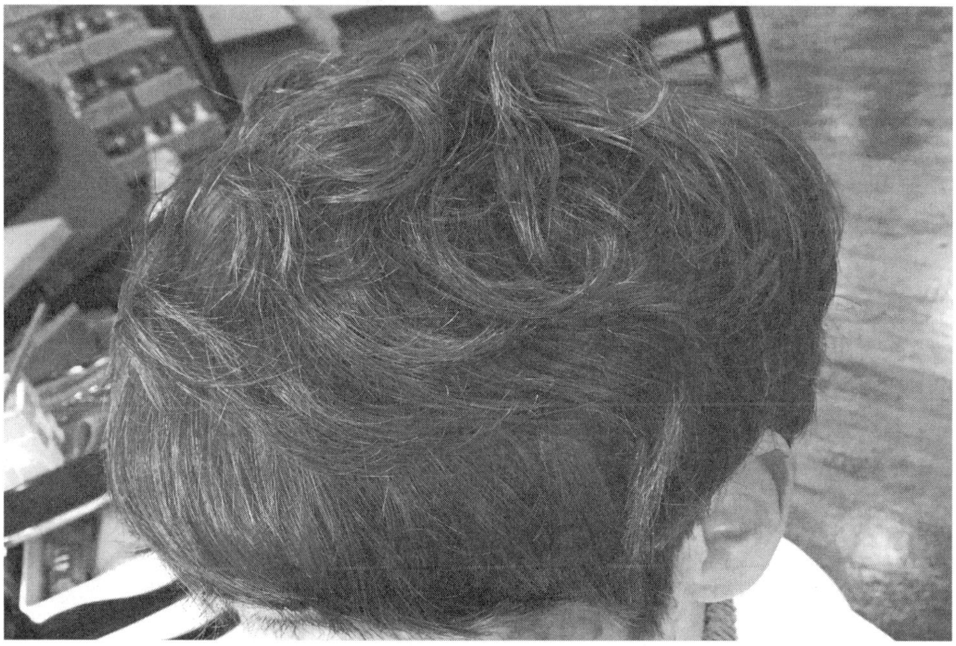

퍼머 아웃 후 가볍게 린스로 깨끗이 헹군 뒤 드라이기를 사용하여 옆머리는 눌러 말리고 윗머리는 퍼머를 살려 머리를 말려준다.

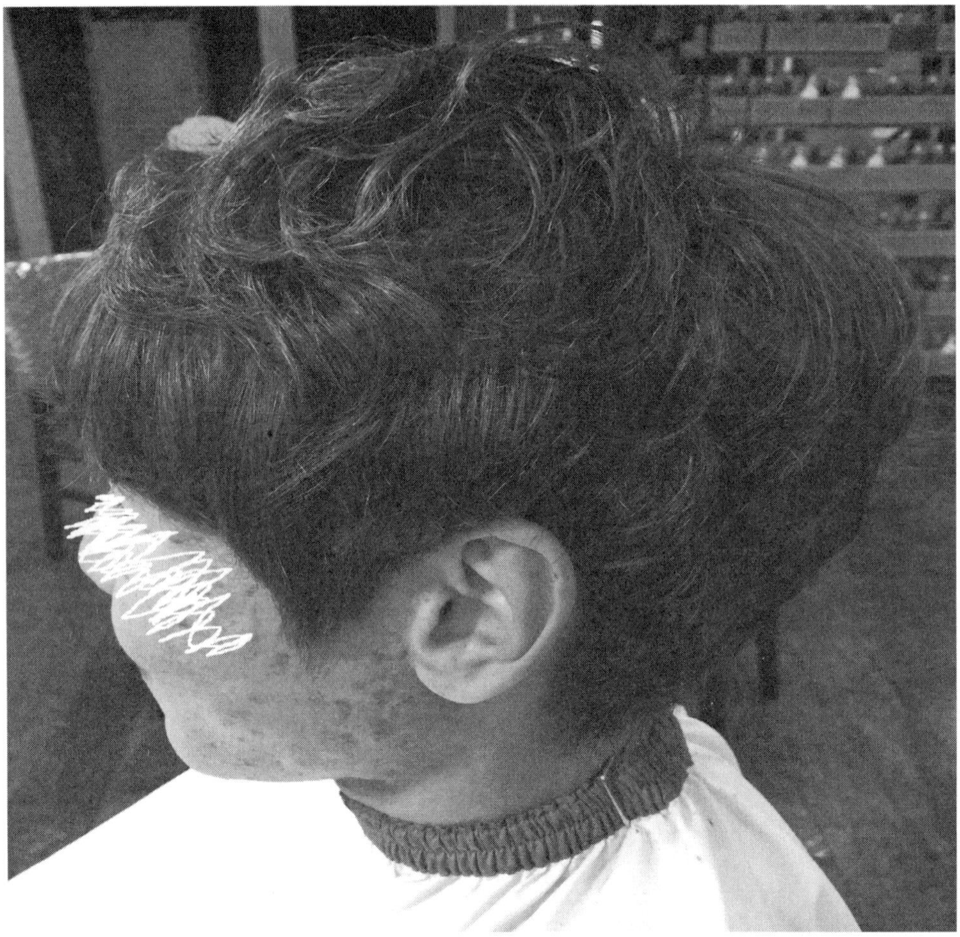

와인딩 종류 - <가로와인딩>

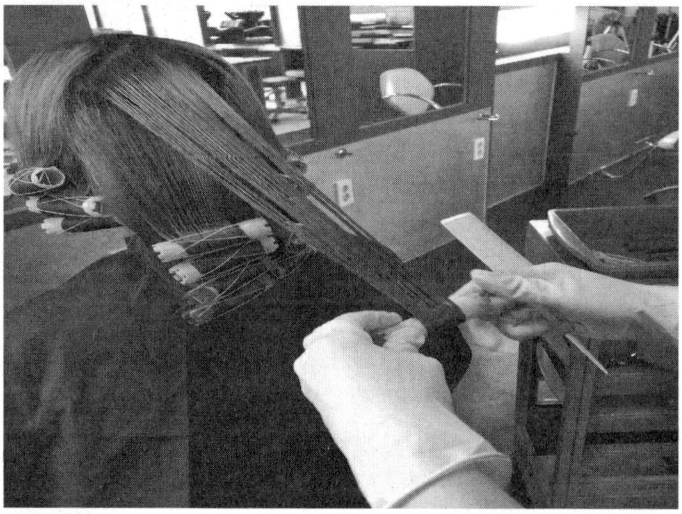

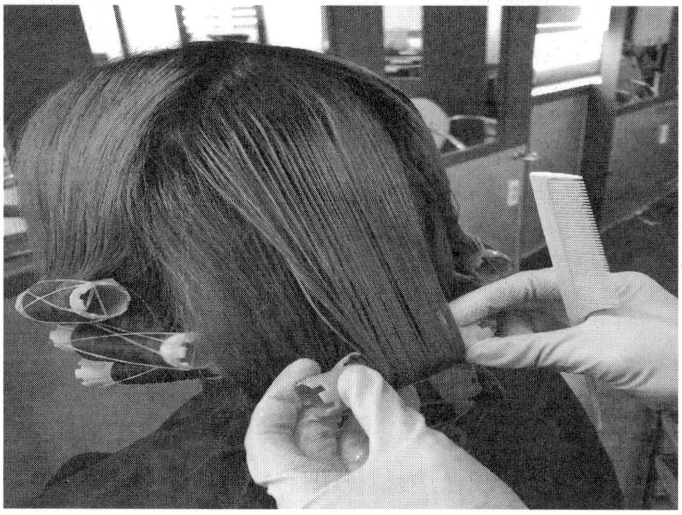

매직약을 사용하여 상부에 웨이브(곱슬)을 풀어 주고 파마약1제를 도포하여 롯드를 감아준다.

<사선와인딩>

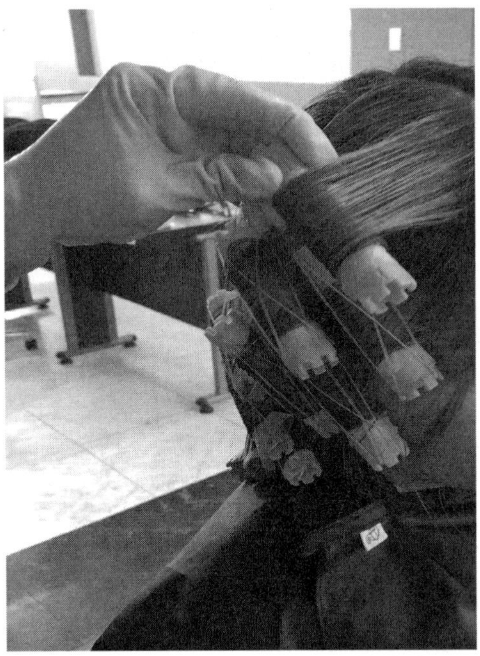

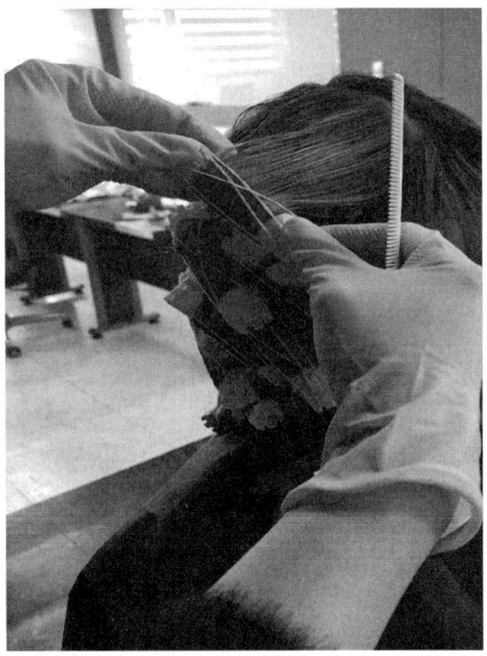

웨이브(열펌)사진

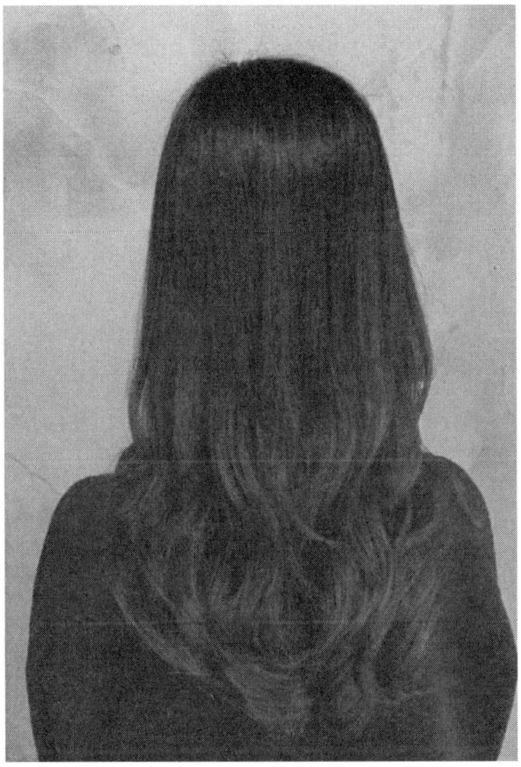

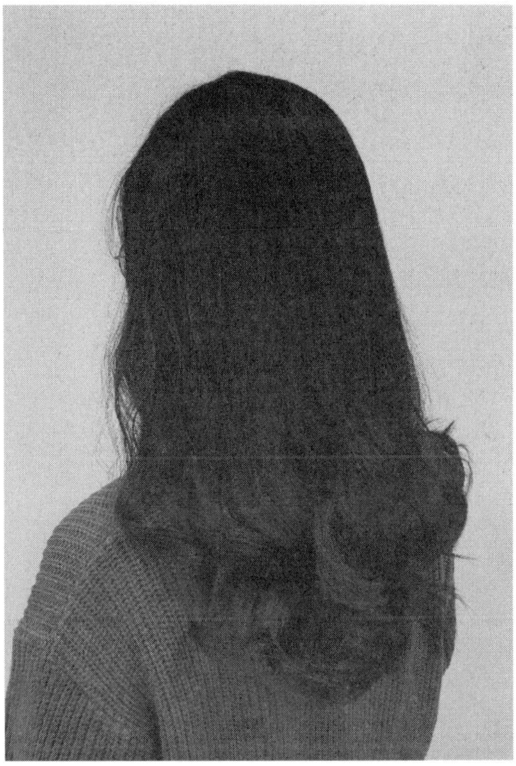

열펌 종류인 셋팅펌으로 웨이브를 표현한 사진이다.

셋팅펌 롯드 대자, 중자를 사용하여 펌을 표현하였고, 윗머리는 매직기를 사용하여 곱슬기를 펴 주었다. 옆펌이니 드라이기를 사용하여 돌려서 말려준다.

일반 펌이랑 다르게 매직과 함께 고데기나 드라이한 듯한 퍼머를 표현할 수 있는 것은 열펌이다.

이 펌과 비슷하게 드라이로 연출하기 위해서는 고데기와 매직기를 사용하여 윗머리는 매직기로 피고 아래쪽은 고데기를 사용하여 웨이브를 연출할 수 있다.

단발 웨이브펌 사진

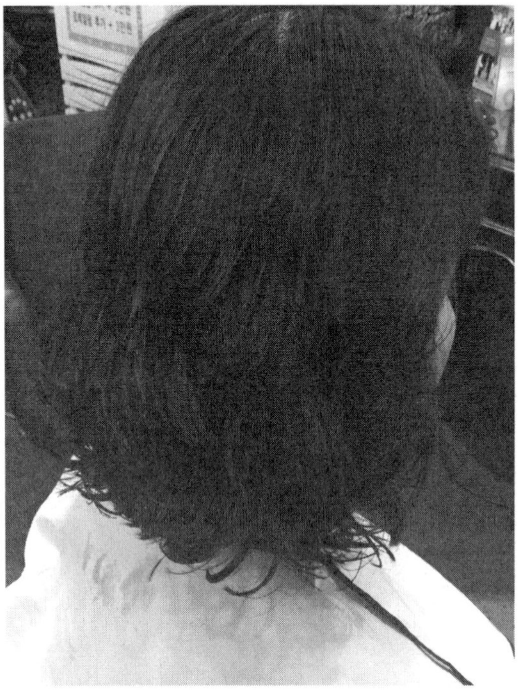

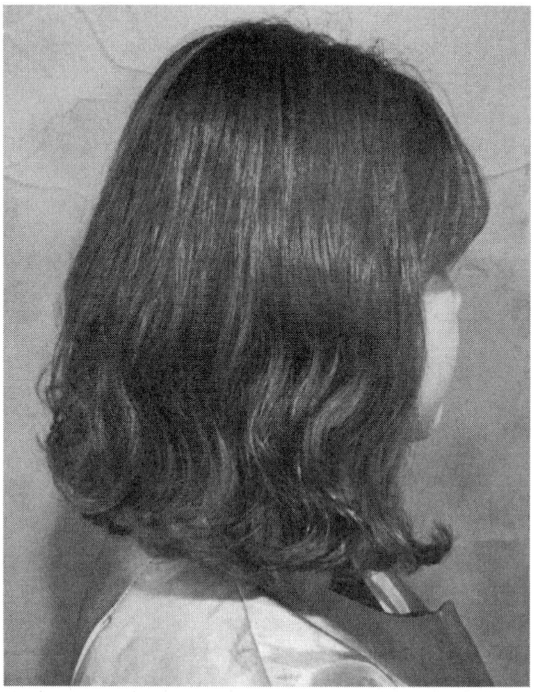

첫 번 째 사진은 열펌인 디자털 펌으로 자연스러운 S컬을 표현한 사진이고, 두 번 째 사진은 일반 로드펌으로 강한 S컬을 표현한 사진이다.

이 펌과 비슷하게 드라이로 연출하기 위해서는 고데기를 사용하여 웨이브를 연출할 수 있다.

남자펌 사진

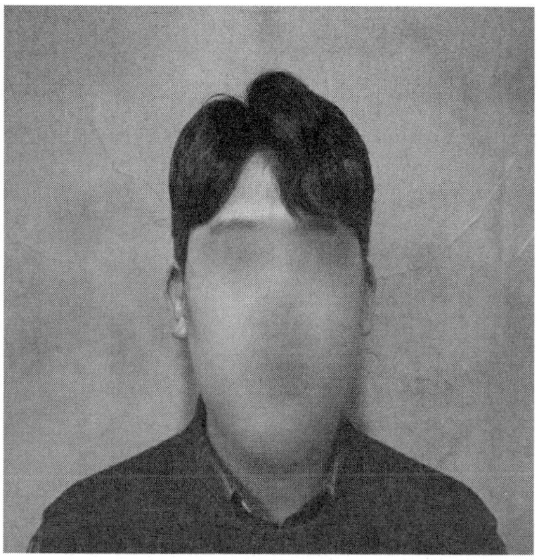 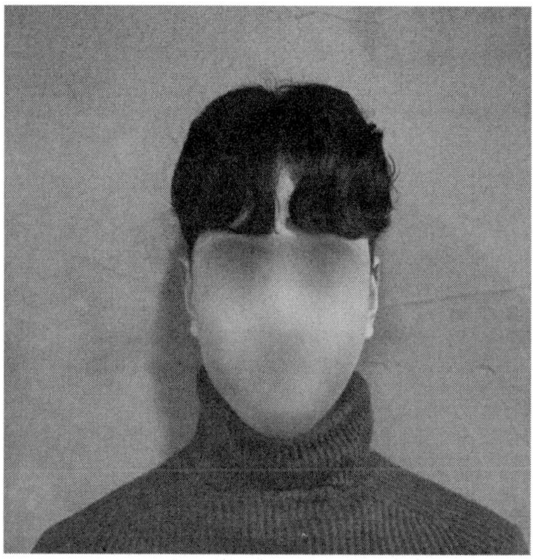

요즘 남자들도 강한 웨이브펌 보다 자연스러운 C컬펌을 선호 하고 있다. 드라이한듯한 가르마펌, 애즈펌,,,등 가장 유행하고 있는 펌이다.

이 펌과 비슷하게 드라이로 연출하기 위해서는 고급드라이롤,드라이기를 사용하여 자연스러운 볼륨C컬 웨이브를 연출 할 수 있다.

히피펌 사진

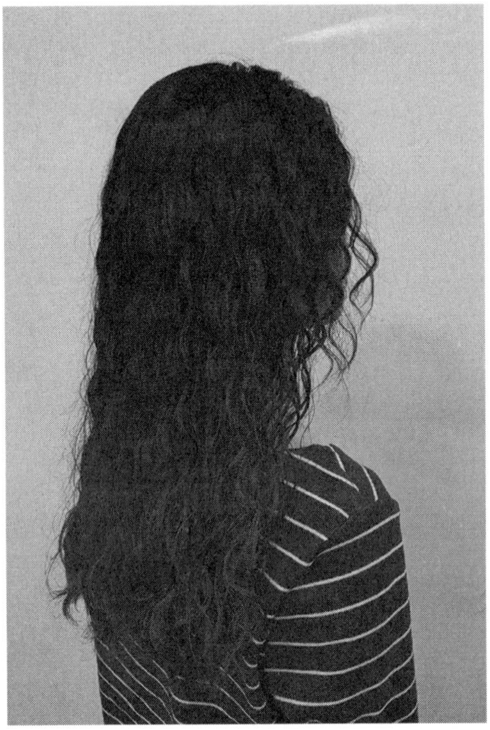
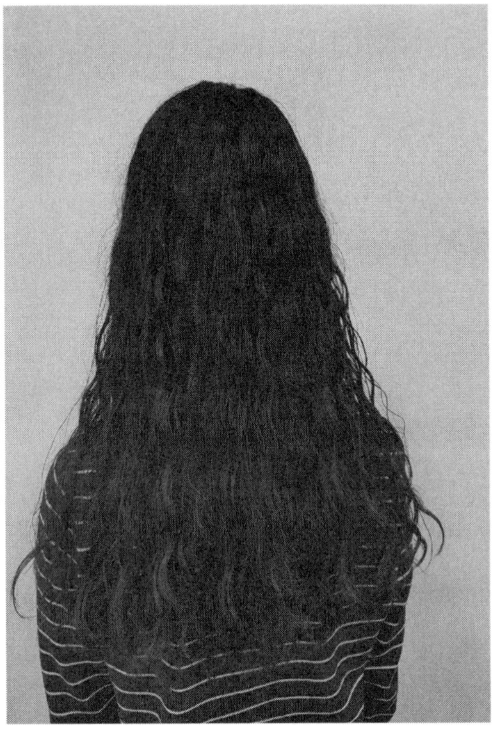

일명 히피펌이라고 불리며 복고(레트로)가 유행하므로 헤어스타일에도 영향이 왔다. 뿌리부터 강한 웨이브를 표현한 스타일이다. 강한 웨이브를 표현하기위해 아주 작은 롯드를 사용한다.

Part 03

VI 컬러 디자인

1. 헤어 컬러의 개념

자연적인 모발에 인공적으로 색소를 넣어서 다양한 헤어컬러를 표현한 것이다.

자연모발에 원하는 색상을 염색 또는 백모모발(새치머리)에 염색, 탈색된 모발에 염색하는 등이 있다.

2. 헤어 컬러의 염모제/산화제

1제인 염모제와 2제인 산화제(과산화수소)를 섞어 사용하는 기본적인 산화염모제 이다.

염색을 할 때 패치테스트가 필요하다.

패치테스트란?

염모제에 들어있는 성분이 고객의 피부에 알레르기반응을 검사하는 것이다.

소량의 염모제와 산화제를 혼합하여 귀뒤나 팔 안쪽 부분을 48시간 방치후 피부의 반응을 보는 것이다.

만약 테스트 한 부위가 심한알레르기 반응(물집이나 가렵거나 붉어지는등..)이 나타나면 염색시술은 절대 해서는 안된다.

알러지 반응이 나타나지 않아 시술을 하더라도 염색시술 도중에 두피가 아프거나 목이나 얼굴 주위에 붉게 부어오르거나 등등.. 시술중 문제가 일어나면 즉시 염모제를 헹구어 낸 후 병원 내방을 하여야 한다.

미용실에서 가장 흔히 사용되어 모발의 명도(밝고 어두움)와 색상 조절이 다양하고 이것을 영구염모제라고 한다.

산화제를 사용하지 않는 비산화염모제는 일시적인 헤어컬러스프레이, 헤어컬러왁스, 헤어컬러마스카라등.. 시중에 판매되어 많이 사용되고 있다.

반영구 염모제인 헤어메니큐어, 헤어왁싱등..헤어코팅제를 반영구 염모제라고 한다. 미용실에서도 많이 사용되고 있지만 시중에 헤어컬러 트리트먼트가 대중화가 되어 집에서도 염색이 아니더라도 많이 사용되고 있다.

산화제는 미용실에서 3%. 6%. 9%를 가장 많이 사용되고 있다.

3%는 색 톤을 올릴 때 사용 하지 않지만 백모나 색을 착색 시킬 때 가장 많이 사용된다.

6%는 가장 흔히 사용되고 있으며 탈색/염색/착색 다양하게 사용되고 2 명도를 올릴 수 있다.

9%는 탈색사용이나 3 명도 조절 할 때 사용한다.

염색 준비물 : 브러쉬 세트(염색붓,염색볼,염색롤러,매쉬팔레트), 염색약(1번 13개, 5번 13개, 7번13개), 산화제, 헤어메니큐어(다크브라운 10개, 레드브라운 10개), 드라이롤, 고데기, 매직기, 장갑

염색약(1제)

(산성칼라)

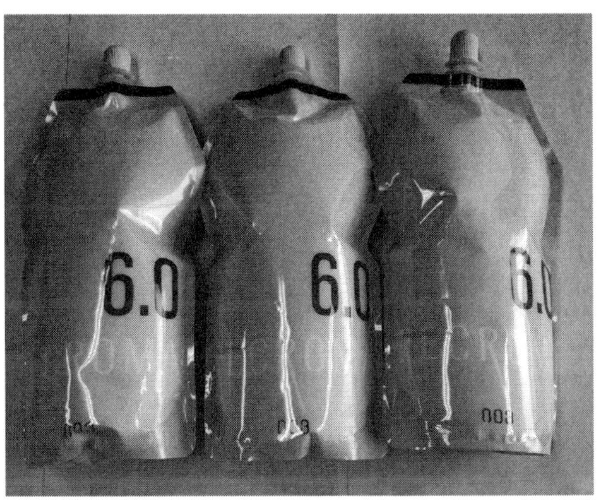

(산화제)

3. 헤어컬러 도구

1) 염색용 빗

염색용 빗은 브러쉬가 있어 염모제 도포시 사용한다.

2) 염색 볼

염모제(염색약)을 담는 그릇이다

3) 비닐 캡

염색 후 비닐 캡을 사용하여 모발의 온도 유지하기 위해 사용한다.

4) 장갑/염색보

염색할 때 시술자의 손을 보호 할 수 있게 장갑을 착용한다. 염색보는 시술시 고객의 옷을 보호하기 위해 사용한다.

5) 염색용 짜개

1제인 염모제를 롤러에 끼워 돌려 사용하면 손쉽게 알뜰하게 염모제를 덜어 사용할 수 있다.

6) 호일

하이라이트/슬라이스 테크닉 등 사용할 때 필요하며 블랙인 염색 고객이 왔을 때 테스트로도 사용한다.

7) 매쉬 팔레트

하이라이트/슬라이스 테크닉 등 할 때 매쉬 팔레트위에 올려 빗으로 빗고 브러쉬로 도포한다.

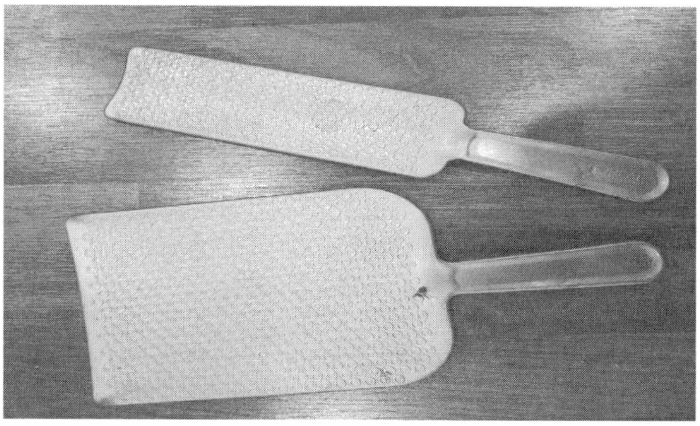

4. 헤어컬러의 트렌드

최근 핫한 컬러 트렌드는'애쉬'컬러가 대표적인 트렌드입니다. 머리뿐만 아니라 요즘 옷부터 시작하여 모든 컬러 앞에 애쉬가 들어갑니다. 제일 핫한 컬러 애쉬블루, 애쉬카키, 애쉬퍼플, 애쉬그레이.. 등등 요즘 학생들 층에서도 아이돌 연예인들의 핫한 헤어컬러를 통해 많은 헤어컬러 변화를 주고 있다. 이런 컬러들은 전체 염색을 하기 보다는 투톤 또는 옴브레등 2가지 컬러로 자연스럽게 그라데이션을 많이 시술하며 개성있는 헤어컬러 스타일을 연출한다. 20대 중반에서 30대까지는 직장인들이다 보니 헤어 컬러의 제한점이 있다. 그러므로 탈색을 하지 않고도 트렌드인 애쉬계열의 컬러를 시술하시고 싶은 고객들은 애쉬 브라운 계열을 추구하고 있다. 40대부터는 새치가 있는 고객들이 많이 있다. 이 연령층에는 염색을 필수 이다. 새치 고객들은 예전처럼 블랙으로 새치 커버하는 것이 아니라 예전과 다르게 개인이 선호하시는 컬러로도 새치커버가 가능하며 대부분 고객들은 초코 브라운, 레드 브라운 계열을 많이 추구하시고 있다.

◆ 응용 염색 ◆

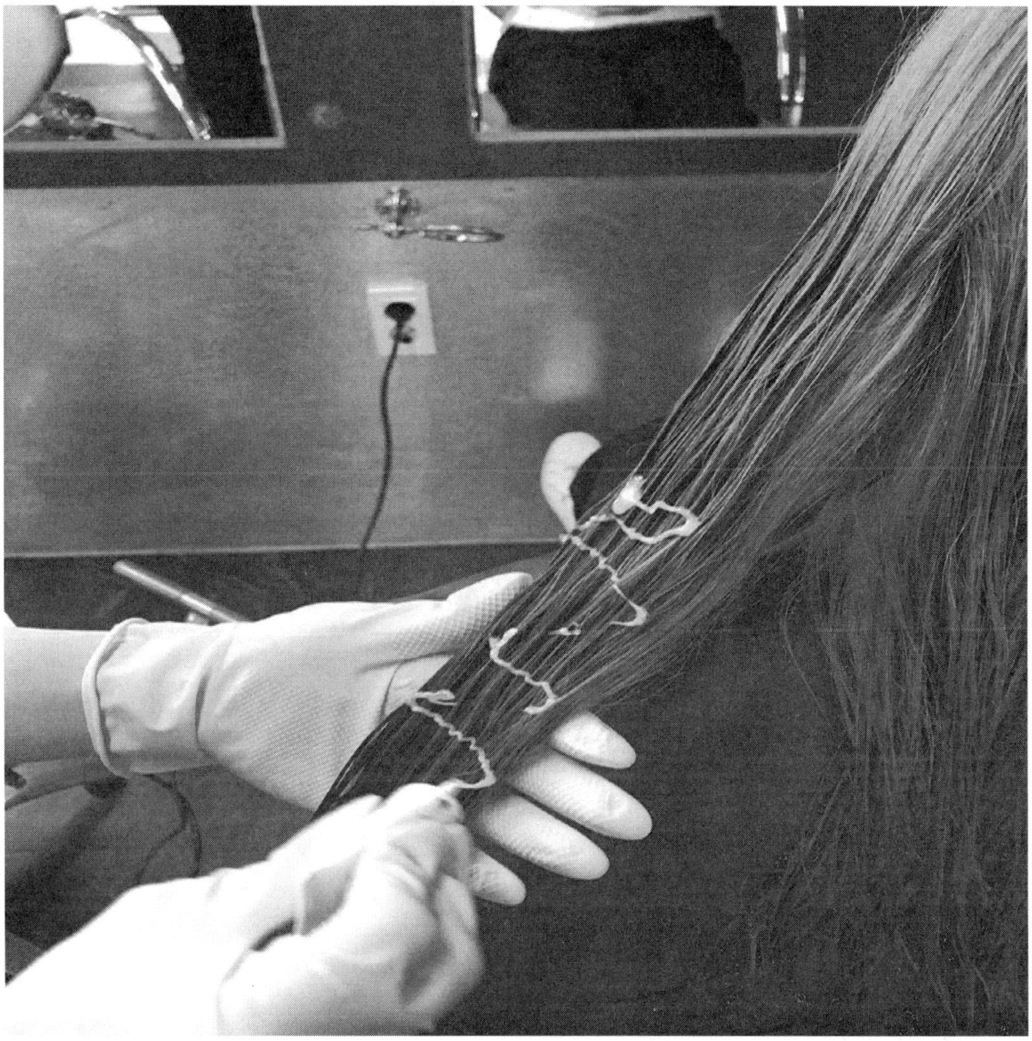

염색전 모발보호를 위해 모발보호제를 도포하여 흡수 시킨다.
두피에 묻지않게 최대한 가까이 뿌리(신생모)부분에 브러쉬세트를 사용하여 염색약 7번을 도포한다.

뿌리(신생모)~두피에 묻지 않게 가까이뿌리(신생모)부분에 염색약을 도포한다.

뿌리 1cm정도를 남겨두고 머리중간부터 도포한다.
염모제를 도포한후 검지와 중지를 사용하여 핸들링 해준뒤 자연방치후 신생모도 도포

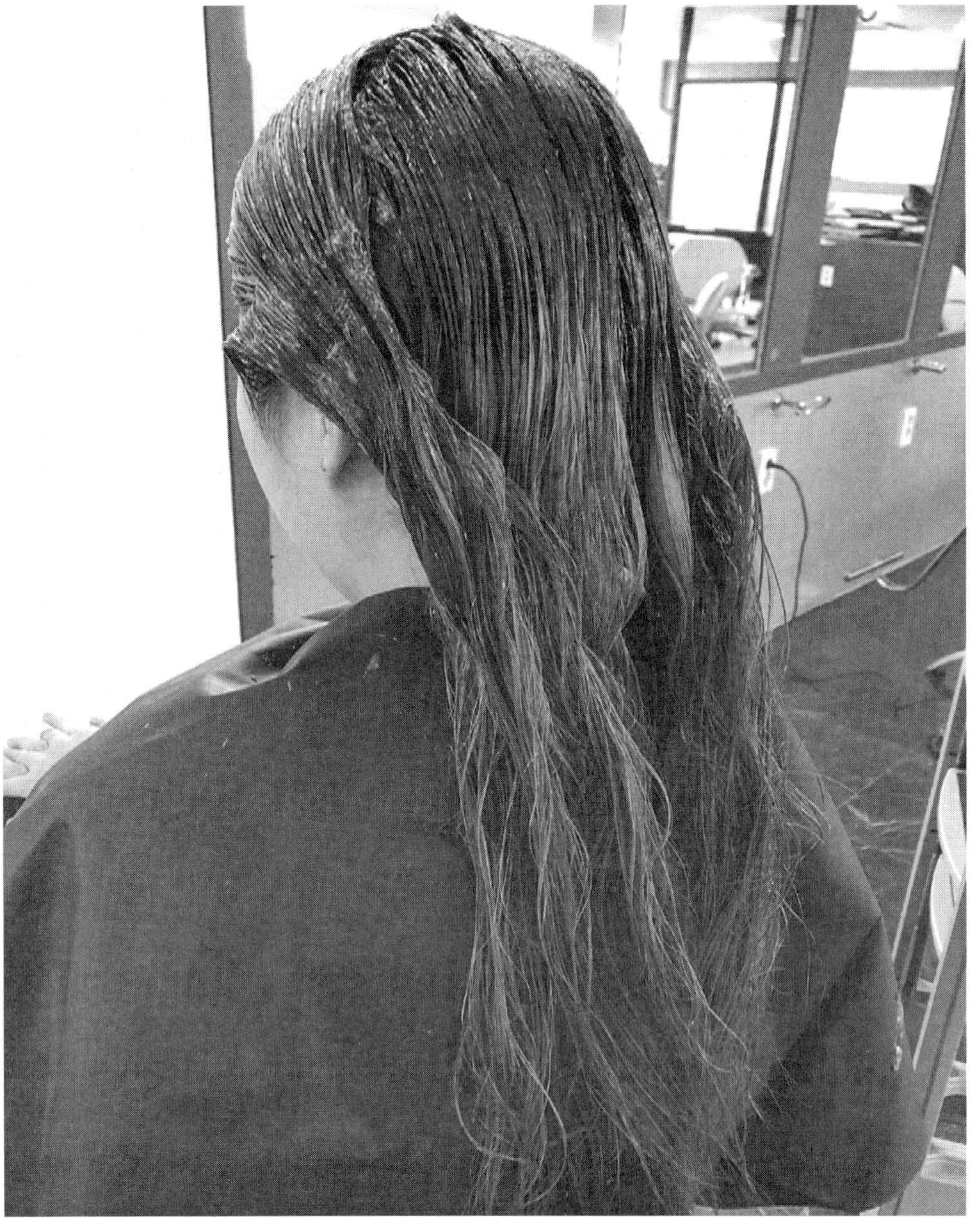

뿌리(신생모)에 염색약7번을 도포한 부분이 톤업이 될 때 까지 자연 방치한다.

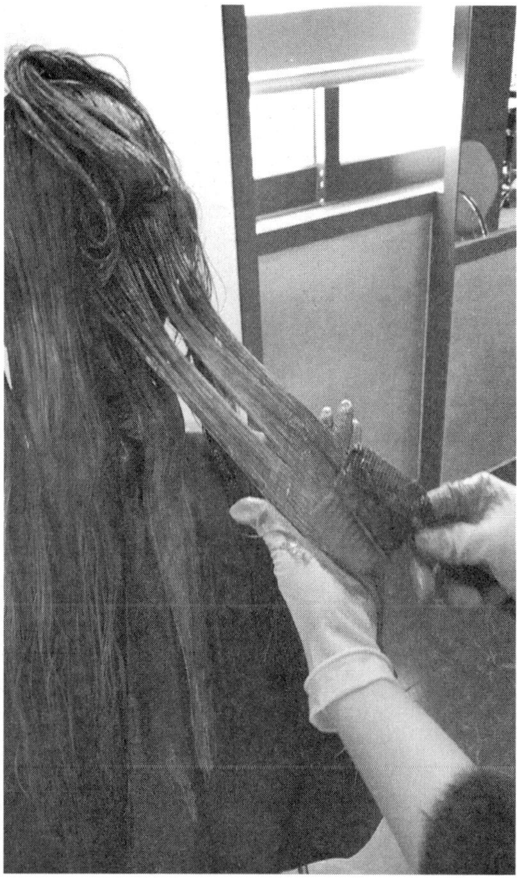
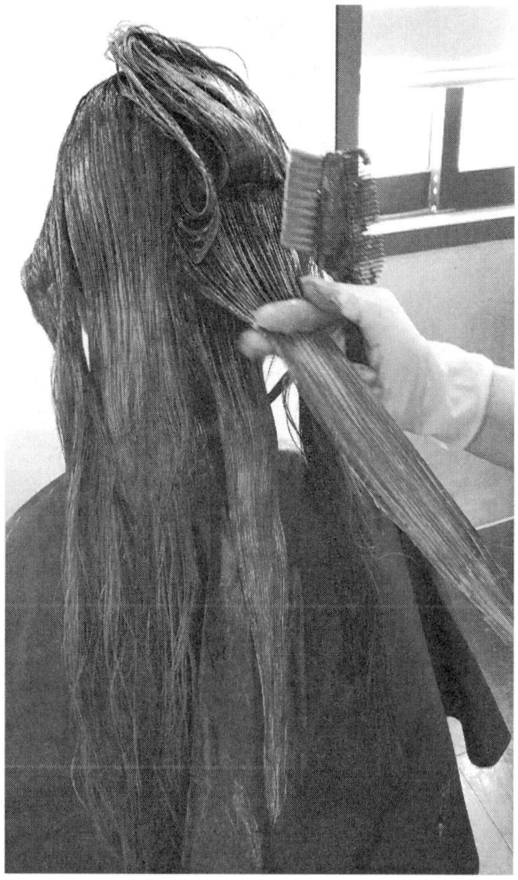

뿌리(신생모)가 톤 업이 되었으면 남은 염색약7번을 사용하여 나머지 기염모도 균일하게 도포하여 준다.

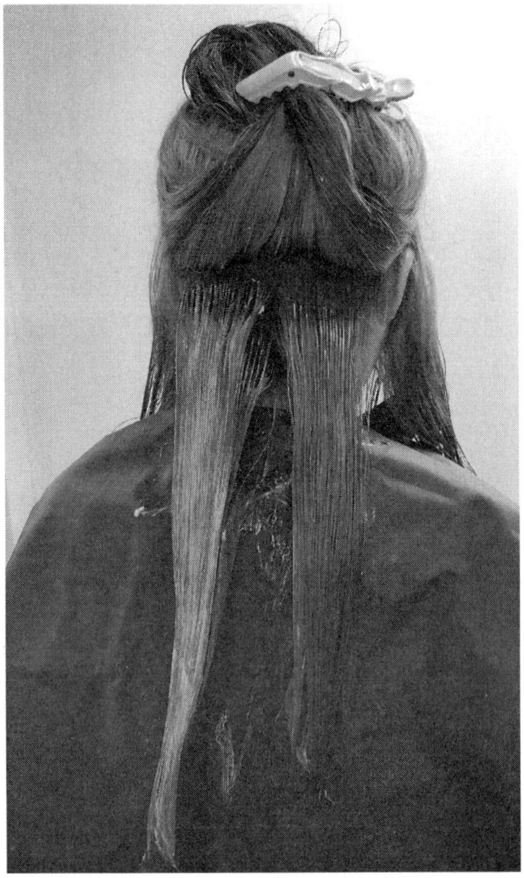

-헤어메니큐어 도포법-

뿌리 1cm정도를 남겨두고 두피에 묻지않게 브러쉬세트와 헤어메니큐어 다크브라운을 사용하여 도포한다.

헤어메니큐어 다크브라운을 도포 할 때 꼼꼼히 균일하게 도포 될 수 있도록 섹션을 얇게 떠서 발라 준다.

검지와 중지를 사용하여 핸들링 하는 방법도 있다.

- 뿌리 도포 테크닉 -

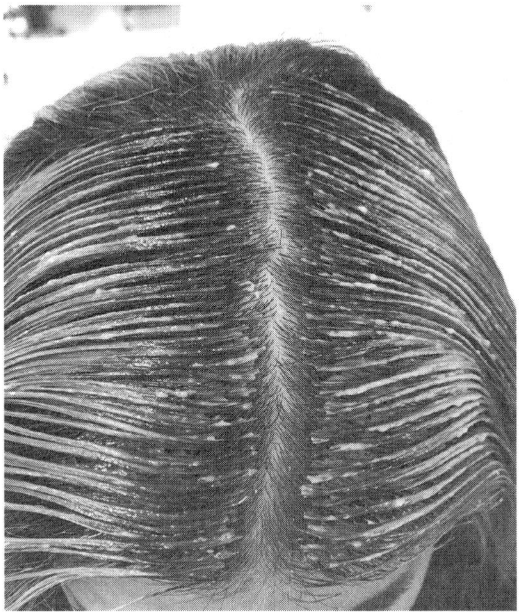
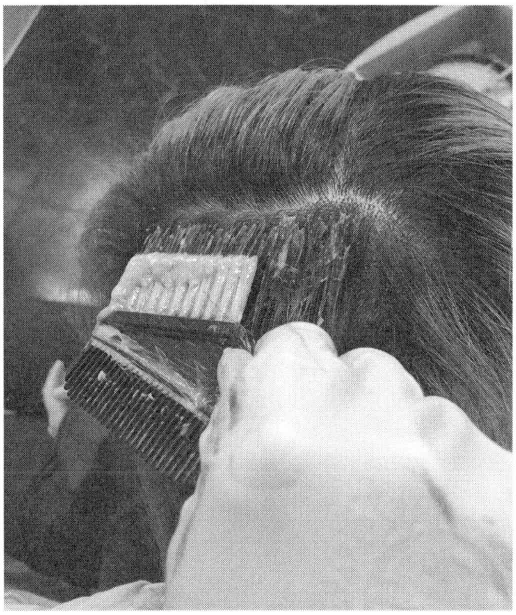

두피에 최대한 가까이 도포한다.

- 두피가 민감하거나 아픈 두피인 경우 염모제를 최대한 가까이 터치하여 바르면 색의 경계가지지 않고 불쾌감이 없다.
- 헤어매니큐어 (다크브라운, 레드브라운)처럼 두피에 닿으면 안되는 경우, 염모제알러지나 아픈 두피인 경우 염모제 (1번, 5번, 7번)를 두피에 바를 때 최대한 가까이 터치하면서 도포하면 된다.

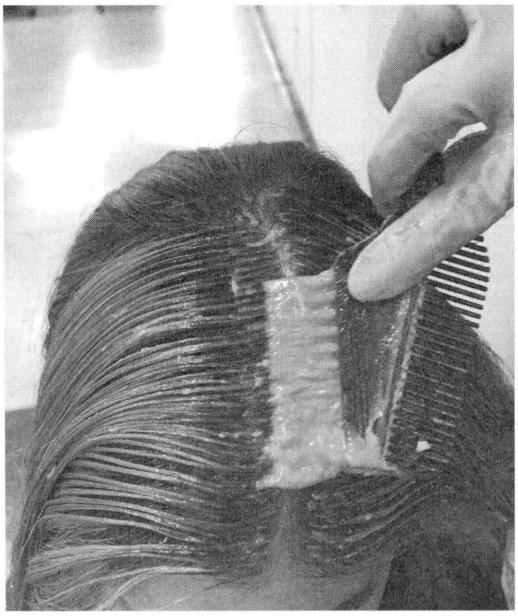 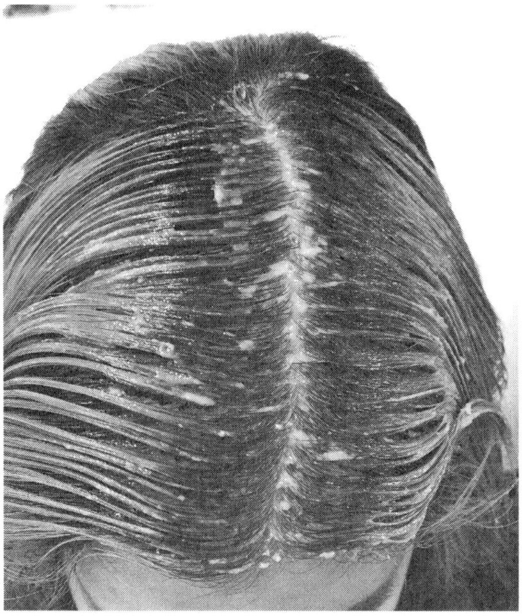

두피에 약을 꼼꼼히 도포한다.

- 백모커버를 원할 때에는 두피에 약을 얹듯이 도포하여야 완벽하게 백모가 커버 가능하다.
- 염모제 1번,5번를 사용하여 새치커버할 때나 염모제 7번을 사용하여 투 터지 하여 뿌리 톤업을 할 때 도포하는 방법이다.

- 염색빗을 이용한 모습 -

브러쉬 세트가 사용 되는 시술에는 여러 가지가 있다. 헤어메니큐어, 염색약, 매직약, 클리닉에 사용 된다. 지금은 염색약을 도포하고 있는 과정의 모습이다.

- 염색시술 후 특수미용기기를 이용한 모발윤기 및 영양공급 -

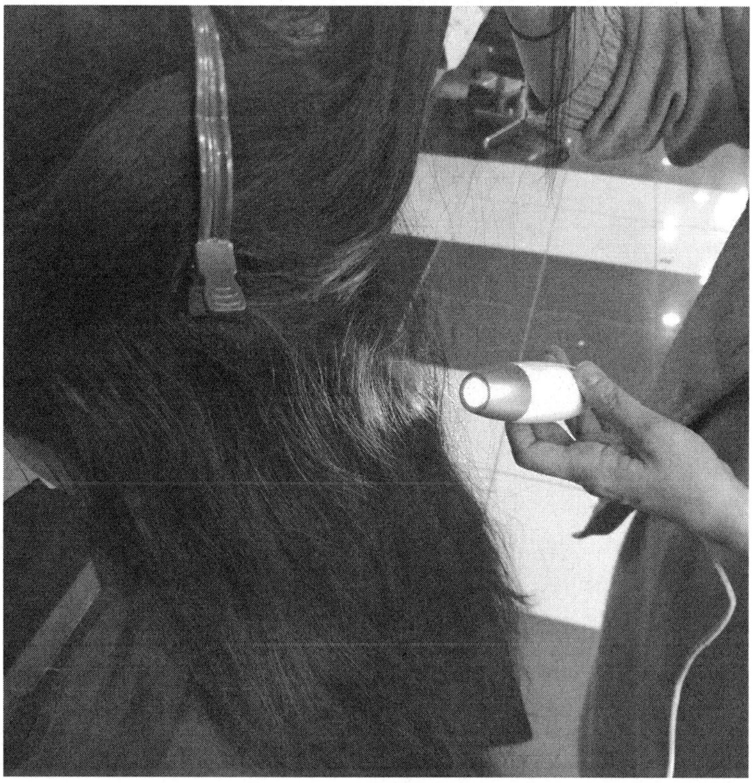

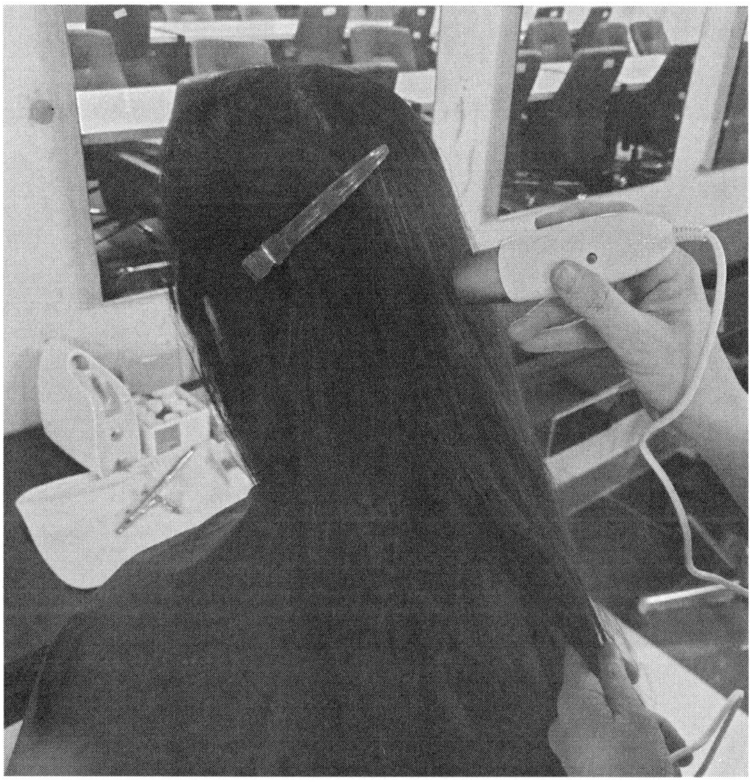

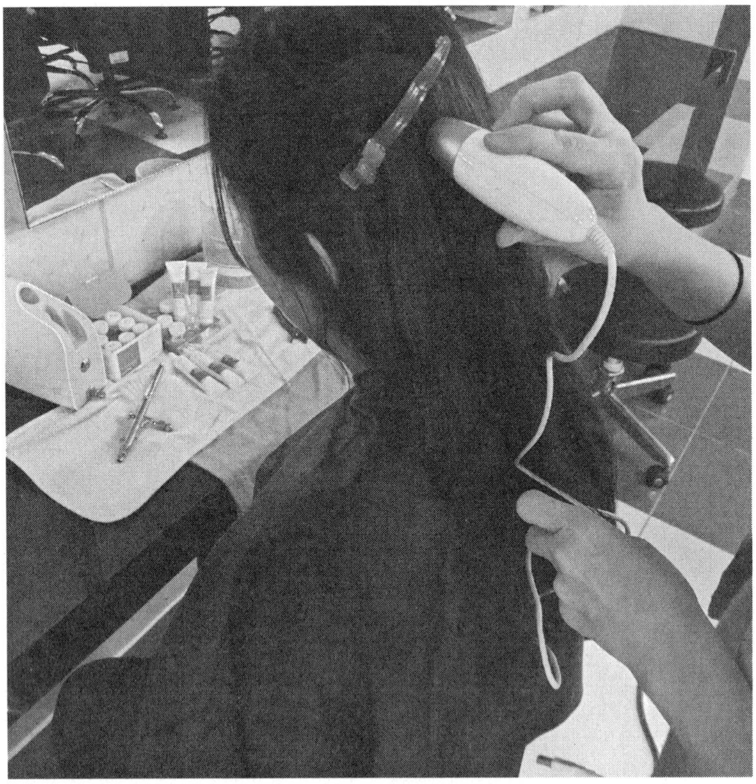

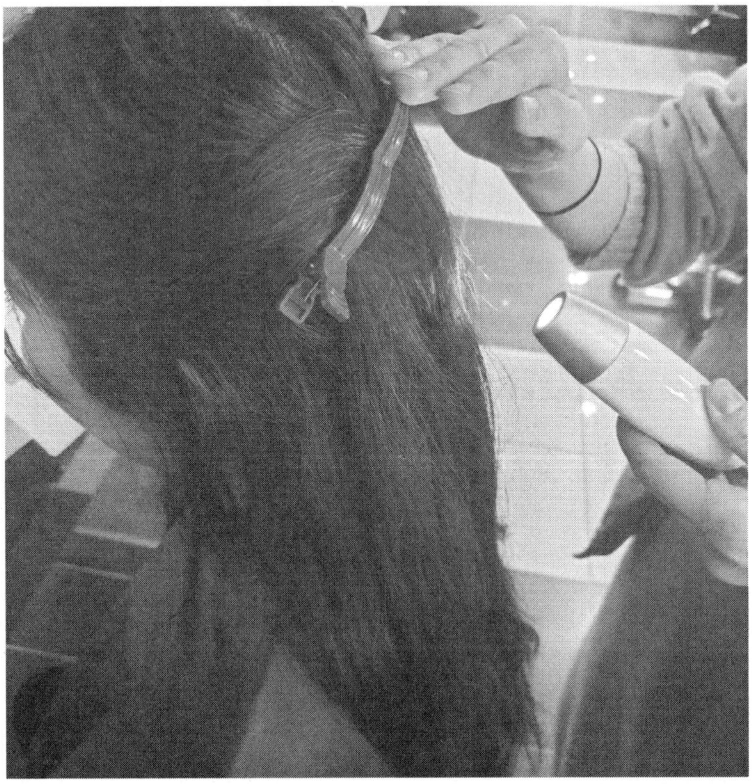

특수미용 기기를 활용하여 염색시술 후 민감해진 두피와 모발에 윤기와 영양공급을 하기위해 시술하는 과정이다.

애쉬 퍼플

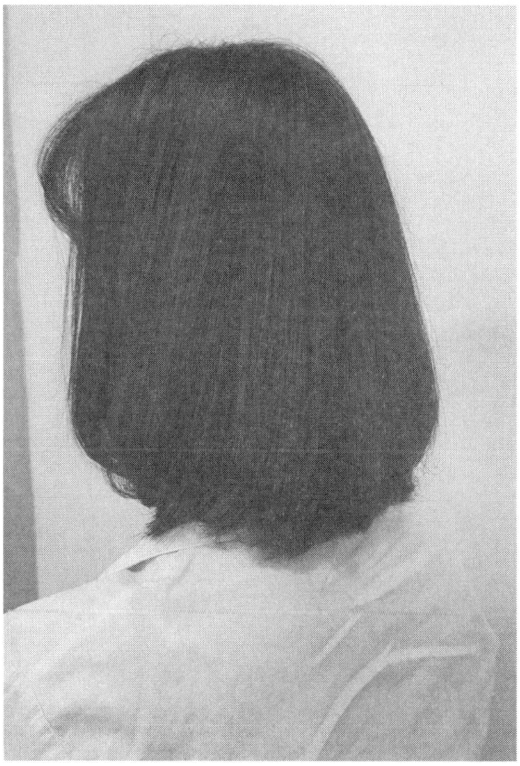 

탈색을 2번을 시술하여 모발을 밝게 뺀뒤 첫 번 째사진은 어두운 애쉬퍼플이고 두 번 째는 밝은 애쉬퍼플이다.

염색 시술후 첫 번째 사진은 고급드라이롤 2호를 사용하여 드라이한 모습이고, 두 번째 사진은 고데기를 사용하여 웨이브 드라이 한 모습이다

애쉬 브라운

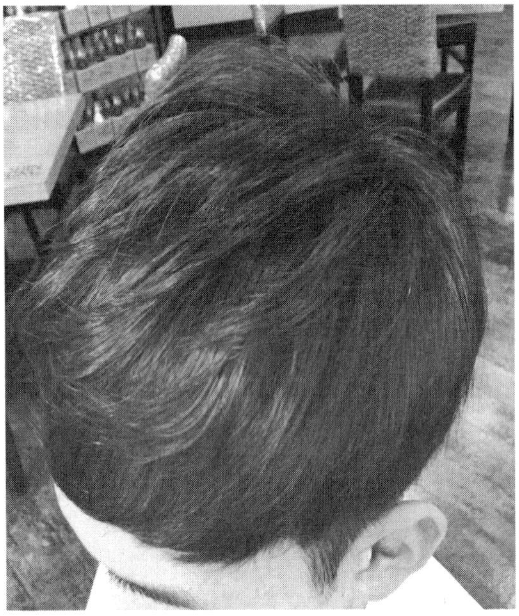

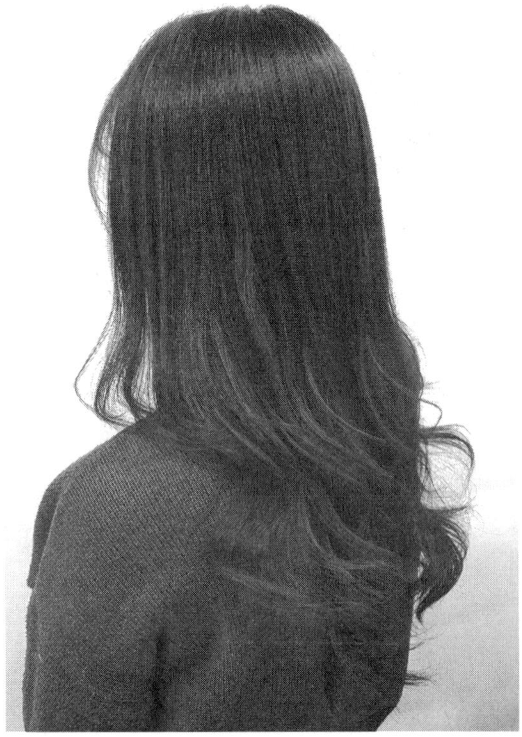

애쉬브라운은 붉은 색이 나타나지않은 브라운을 말하며 첫 번 째사진은 염색으로만 밝게 애쉬브라운을 표현한 사진이고 두 번 째사진은 탈색1회시술후 애쉬브라운을 표현한 사진이다.

염색 시술 후 첫 번재 사진은 고급 드라이기롤 3,4호를 사용하여 드라이한 모습이고, 두 번재 사진은 고데기를 사용하여 웨이브를 드라이한 모습이다.

애쉬카키,블루(투톤)/ 애쉬그레이

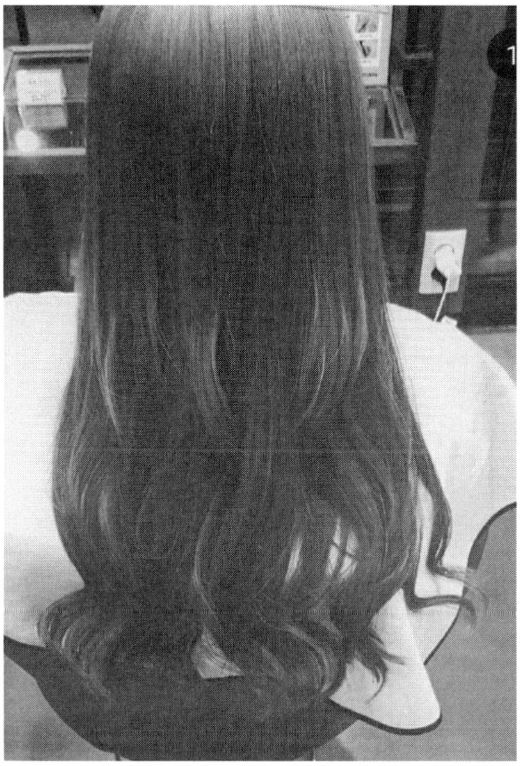

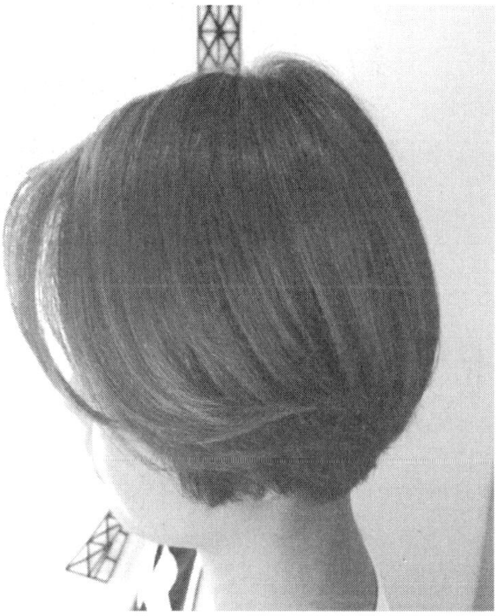

첫 번 째사진은 전체적으로 한컬러로 염색하지 않고 두톤으로 위에는 애쉬그레이 아래쪽으로는 애쉬블루를 염색하여 투톤을 표현하였고 두 번 째사진은 전체적으로 밝은 애쉬그레이를 표현한 사진이다.

애쉬그레이,애쉬블루는 탈색을 기본적으로 2번 시술후 염색하여야하는 컬러이다.

염색 시술후 첫 번째 사진은 고데기를 사용하여 웨이브 드라이 한 모습이고 두 번째 사진은고급드라이롤 2,3호를 사용하여 드라이한 모습이다.

애쉬카키

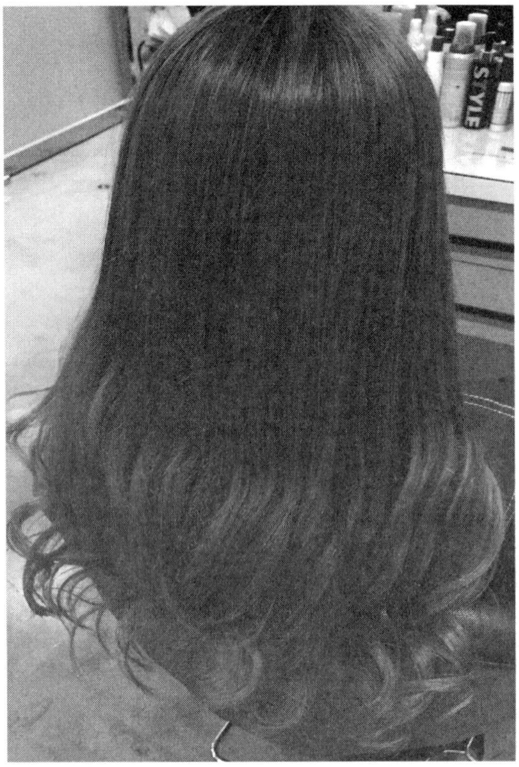

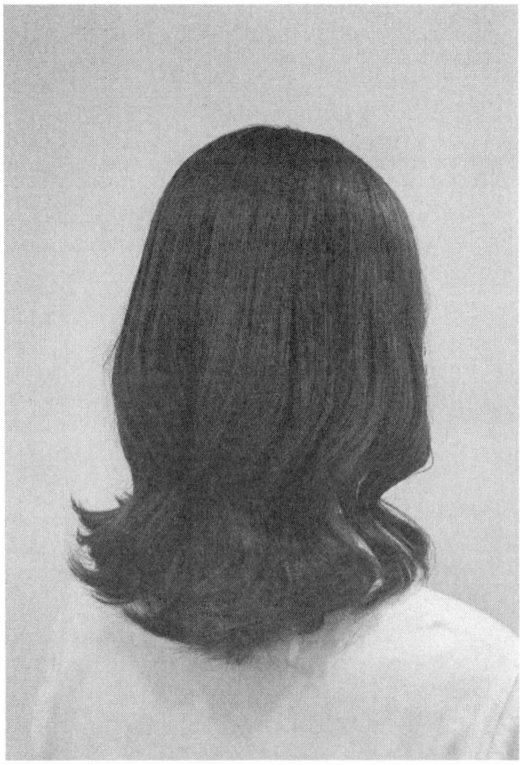

두 사진 다 애쉬카키를 표현한 사진이다.

탈색을 1~2회 정도 시술하여 염색한 컬러이다.

카키는 초록색 반사빛을 표현한 컬러이다.

염색시술후 매직기와 고데기를 사용하여 강한 웨이브와 자연스러운 웨이브를 연출한 모습이다.

Part 03

VII 업스타일 디자인

1. 업스타일의 개념

머리를 자르거나 펌을 하는 것이 아니라 머리를 묶거나 빗어 올려 여러 가지 형태의 스타일을 만들어 내는 것을 말한다.

업 스타일은 기술성과 창작성 필요로 하는 예술적인 분야이다.

우아하고 여성스럽고 로맨틱함 등 업스타일의 이미지 연출 표현은 다양하고 업스타일은 입체적인 아름다움을 표현한다.

우리나라의 한복 문화에 맞게 업 스타일은 결혼식, 회갑연, 파티, 연주회 등 격식에 갖춰진 모임에 주로 활용 되고 있었으나 최근 들어 실용적인 업스타일이 추구되고 있다.

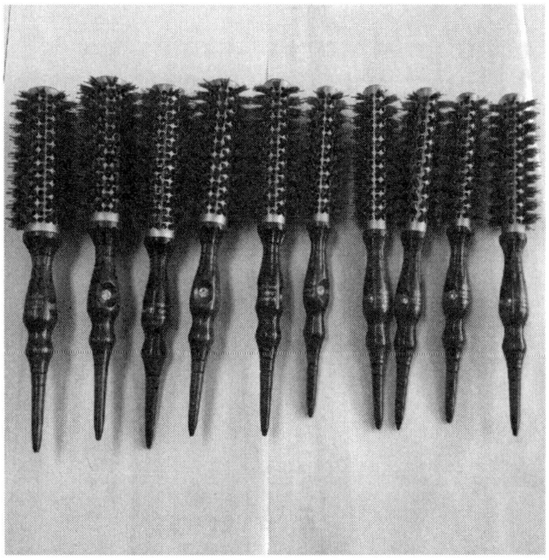

(드라이롤)

(마셀고데기)

2. 업스타일 준비물

(1) 꼬리빗

브러싱 브러시
쿠션 브러시

(2) 대핀

실핀
스몰핀
U핀大/U핀中

(3) 핀컬핀/핀셋

(4) 스프레이

왁스
에센스
광택제

(5) 고무줄

망
싱
전기세팅기
아이롱

(6) 기타

고급드라이기 고데기, 매직기, 인모 통 가발

3. 업스타일 트렌드

요즘 업스타일 트렌드는 웨딩 헤어 스타일에서 쉽게 찾아볼수 있다. 웨딩 업스타일은 가장 민감한 헤어스타일중 하나이다.

업스타일 하면 대부분 깔끔하고 우아한 다운 번 업스타일이나 사랑스럽고 귀여운 높게 위로 올린 번스타일 이지만 예전이랑 다르게 업스타일이라고 번스타일만 추구하는 것이아니라 마냥 화려하기보다는 내츄럴하면서 세련된 스타일로 선호 하고 있는 추세이다. 번스타일 말고 자연스럽스타일은 크게 2가지로 나뉘어지는데 내츄럴하게 웨이브를 넣어서 반 묶음 업스타일이나 낮에 묶은 포니테일 스타일에 악세사리나 장신구를 사용하여 연출한다. 요즘웨딩 업스타일은 예전과 다르게 단발머리나 커트 머리일 경우 헤어피스를 사용하여 머리를 붙이지 않고 단발머리나 커트 머리를 기장을 살려서 악세사리나 장신구를 포인트로 하여 화려하게 스타일을 연출한다.

◆ 업스타일 시술장면 ◆

드라이롤

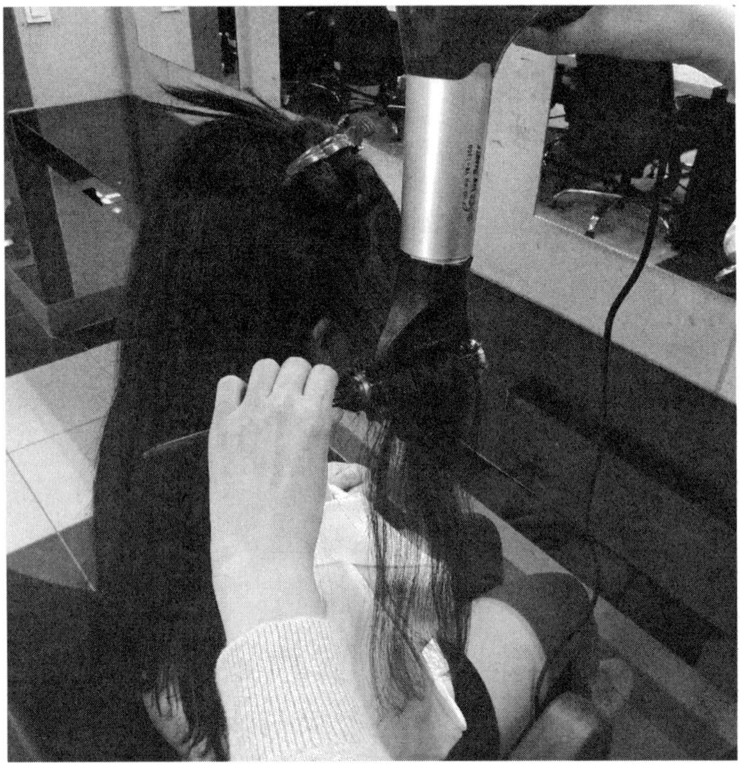

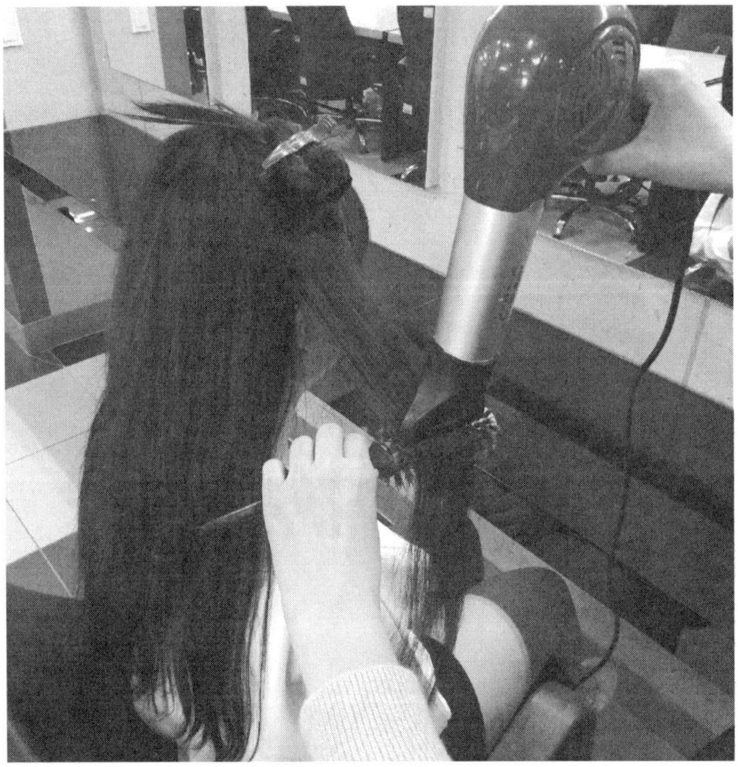

고데기

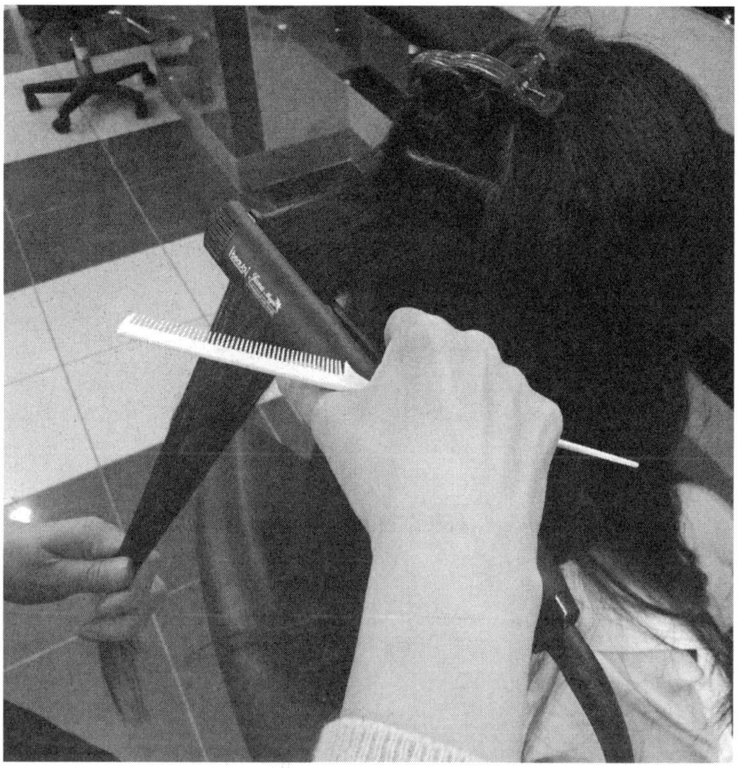

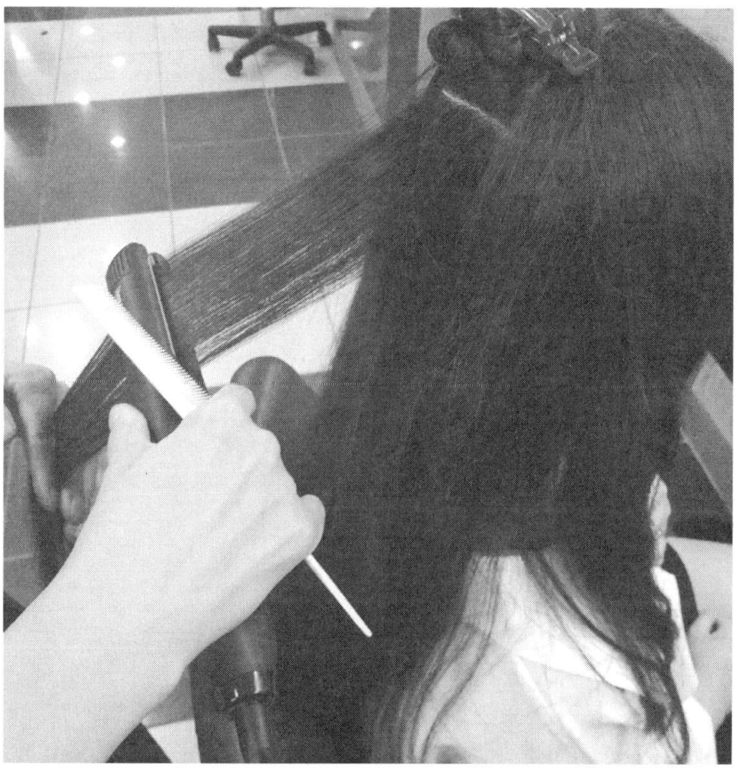

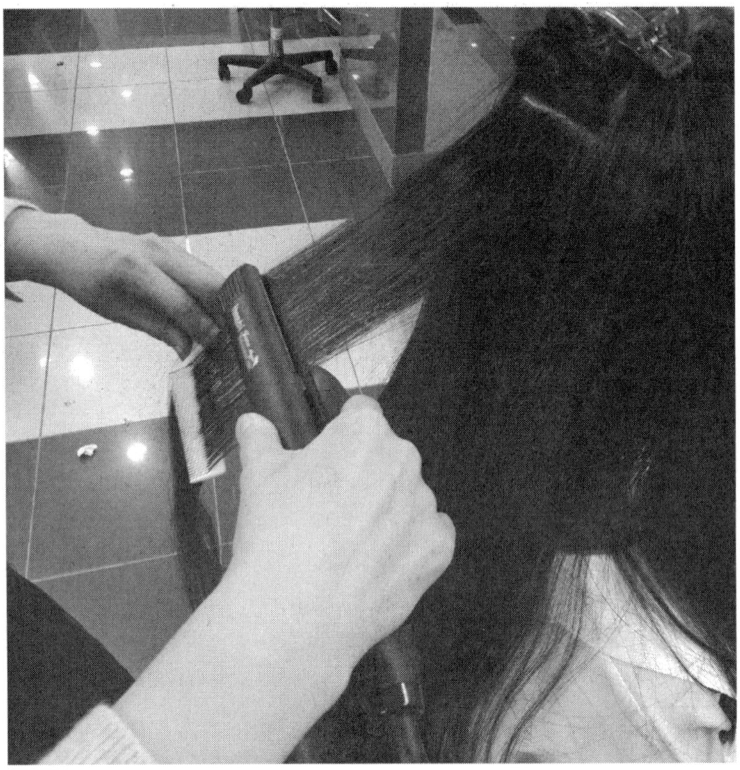

◆ 업스타일 응용 ◆

땋기

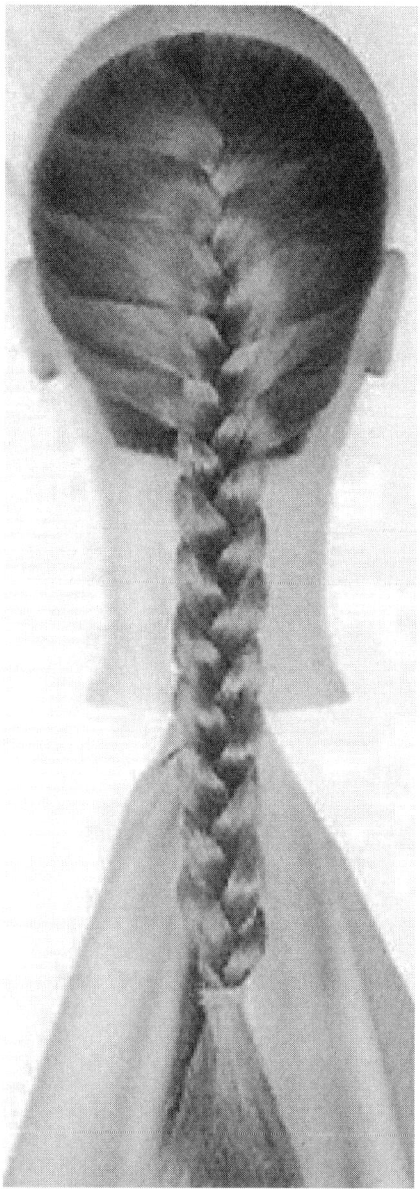

인모통가발에 고데기를 사용하여 머리를 땋기 쉽게 고데기를 사용하여 머리를 땋아 준다.

인모통가발에 드라이롤로 볼륨 드라이하고 머리를 올려 땋기 쉽게 고데기를 사용하여 컬을 만들어 준뒤 머리를 땋아 준다.

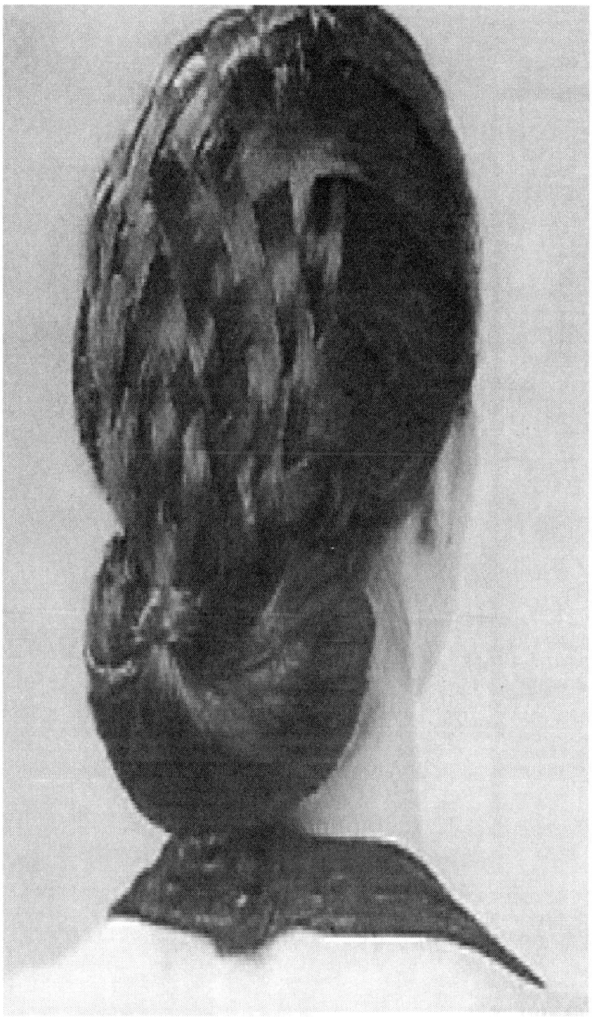

고데기와 드라이롤를 사용하여 깔끔하게 땋을 수 있게 드라이 한다.

겹치기

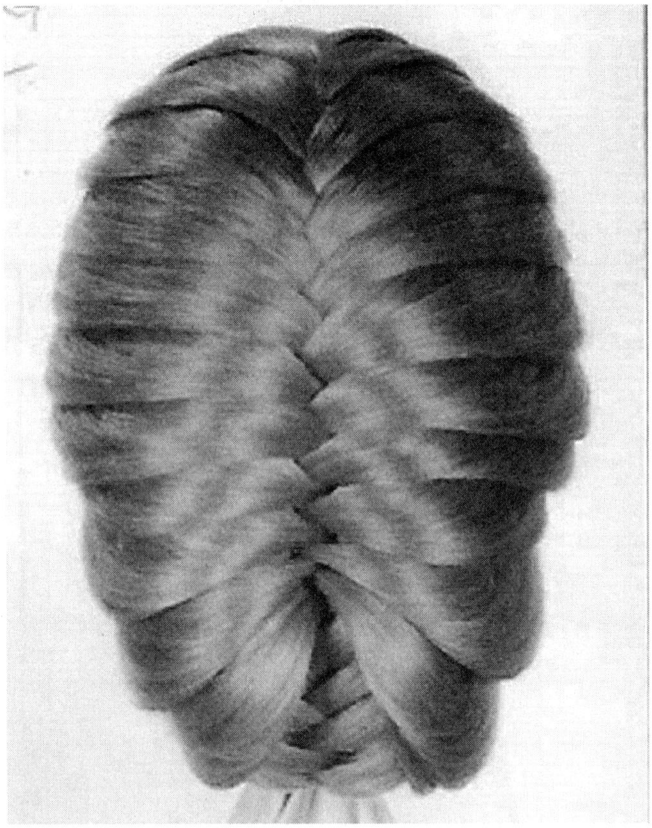

인모통가발에 겹치기 기법을 사용하여 머리를 땋아 준다.

인모통가발에 고데기와 드라이롤를 사용하여 겹치기 기법와 땋기 기법을 사용하여 땋아 준다.

한복 업스타일

- 후두부에서 V자형으로 브로킹을 뜬다.
- 포니테일로 묶어준다.
- 사이드는 오버브레이드로 땋는다.
- 땋은 머리끝을 둥글게 말아 올려 U핀으로 고정한다.

인조 통가발에 고데기로 컬을 만들어주고 드라이롤를 사용하여 볼륨을 살려주고 땋기 기법을 응용하여 망, 실핀, U핀을 사용하여 고정 시켜 준다.

웨딩 업스타일(업번/다운번 스타일)

고데기를 사용하여 전체적으러 컬을 많이 넣어 업번 스타일을 하기 쉽게 드라이해주고 옆머리는 애교머리로 빼고 전체적으로 높이 올려 업번 스타일을 완성한 후 악세사리를 한 모습이다.

드라이롤 사용하여 전체적으로 볼륨들이 한 후 깔끔하게 다운번을 하기 쉽게 고데기를 사용하여 머리를 땋기 쉽게 드라이 한후 핀을 사용하여 고정 시켜 다운번을 완성한 후 악세사리를 한 모습이다.

<참고문헌>

-비즈니스 매너의 이해 손일락 외 1명 한올

-매너와 이미지메이킹 플러스 주영애 외 2명 신정

-미용서비스론 이숙연 외 9명 청구문화사

-미용인을 위한 실무영어 김기영 외 5명 메디시언

"본 교재는 교육부 및 한국연구재단의 사회맞춤형 산학협력
선도 전문대학(LINC+) 육성사업비를 지원받아 개발한 것입니다."

글로벌 뷰티서비스 실무

2019년 2월 10일 초판인쇄
2019년 2월 25일 초판발행

지은이 / 문대범, 이정아, 이혜진, 김효정, 강미영
펴낸이 / 이상태
펴낸곳 / 청구문화사
주 소 / (03706) 서울특별시 서대문구 성산로11길 15
전 화 / 02) 332-0541(代) **전 송** / 02) 337-9577
등 록 / 1990년 11월 2일 제9-247호

정가 20,000원

ISBN 978-89-5616-787-9 93590